Permakultur für Selbstversorger

Gartengestaltung für nachhaltiges Leben

2. Auflage

INHALT

Vorwort

Damit wir wirklich etwas verändern können in der Welt, brauchen wir klare Werte. Wir haben nur eine Erde und um diese zu schützen, können und müssen wir alle etwas tun. Nachhaltigkeit ist eines der wichtigsten Werte, um den Planeten zu unterstützen. Die Permakultur ist dafür ein wunderbares Beispiel, das auch du zu Hause im Garten anwenden kannst.

Die Permakultur ahmt natürliche Ökosysteme nach und ist damit besonders gut für unsere Umwelt. Der zentrale Gedanke dahinter ist, dass wir die umweltbelastenden Technologien der Industrie reduzieren und unabhängige Lebensräume schaffen, die zeitlich unbegrenzt funktionieren, – also permanente Kulturen. Die so geschaffenen Lebensräume erlauben ein gemeinsames Leben von Menschen, Tieren und auch Pflanzen. Du arbeitest im Einklang mit der Natur, anstatt gegen sie. Dadurch musst du selbst nur minimal eingreifen, denn durch eine Permakultur erschaffst du einen Kreislauf, durch den ein stabiles, kleines Ökosystem entsteht, dass ohne menschliche Hilfe auskommt. Es ist divers angelegt, wodurch du auch noch die Artenvielfalt unterstützt! Diese Vielfalt ist ein zentraler Punkt von Permakulturen, – die Erde als Ganzes ist wertvoll und das müssen wir erhalten.

Die Permakultur und ihre Prinzipien öffnen uns die Augen dafür, dass alle Lebewesen Möglichkeiten brauchen, leben zu können. Wenn du deinen Garten in ein Paradies für Pflanzen und Tiere verwandelst, schaffst du nicht nur eine natürliche Oase in einem urbanen Umfeld, du profitierst auch selbst: Die Permakultur schafft ertragreiche, gesunde Ressourcen und sorgt dafür, dass andere Flächen nicht für den menschlichen Gebrauch genutzt werden müssen und dadurch Lebensraum für regionale Tiere und Pflanzen bleiben.

Unsere Prinzipien der Permakultur sind:

Earth Care

People Care

Fair Care

Wenn du ihnen folgst, hilfst du Mensch und Natur, – und das wissen wir schon lange. Denn das Konzept der Permakultur gibt es schon seit den 70ern: Bill Mollisen und David Holmgren haben es in Australien entworfen. Im Jahr 1981 wurde Bill Morrison für seine Arbeit der sogenannte alternative Nobelpreis verliehen. Diese beiden Vorreiter wollten eine Landwirtschaft schaffen, die zukunftsfähig ist. Inspirationen holten sie sich von Naturvölkern und alten Techniken. Seit den 70ern gibt es immer mehr Interessierte, die das Projekt weiterentwickelt haben.

Permakultur ist schon lange nicht mehr nur Landwirtschaft: Es wird auf etliche Lebensbereiche angewandt. Es werden ökonomische Konzepte entwickelt, Gemeinschaften werden gebildet, kommunal wird mehr für das Dasein und die Existenz von Mensch und Natur gesorgt und Freiräume werden nachhaltiger geplant.

Wir müssen uns möglichst in jedem Lebensbereich Gedanken machen, wie es möglich ist, nachhaltige Kulturen zu schaffen und dabei zum einen Ressourcen zu schonen und zum anderen unsere Bedürfnisse zu befriedigen. Die Permakultur ist dafür eine grandiose Methode mit großer Community. **Wie schön, dass du dabei bist!**

Einleitung

Du willst mehr über Permakultur erfahren, selbst eine anlegen und dein Leben damit gesünder und nachhaltiger gestalten. Dieser Ratgeber begleitet dich auf dieser Reise den ganzen Weg über. Mit der mitreißenden Methode der Permakultur kannst du deine eigene Welt verändern und damit einen Schritt in die Veränderung und Rettung der Welt machen. Du wirst neue Wege gehen und erkunden, um die Lebensweisen und -räume der Zukunft zu gestalten. Dadurch kann für Mensch und Natur auf Dauer Erhaltung möglich sein. Die Permakultur hat ein tiefes Verständnis für die Beziehung von Lebewesen untereinander und die zu ihrer Umwelt. Es geht darum, die ökologischen Zusammenhänge zu erkennen und die Muster in ihnen, um diese dann im eigenen Projekt nachzuahmen. Denn diese Muster sind die Basis für eine zukunftsfähige Gestaltung unserer Welt. Eine Inspiration für die Permakultur sind naturnahe Gesellschaften, die nachhaltig zusammen leben. Das Hauptbestreben liegt darin, alle Lebewesen und Pflanzen, die an einem Ort beteiligt sind, zu verstehen und ihre Verbindungen zu begreifen. Dieses Verständnis für die Natur und der offene Blick auf unsere Welt wird dir dieses Buch näher bringen.

Die Permakultur hat sich zuerst über die angelsächsischen Länder verbreitet und dann die ganze Welt erobert. Wenn du deinen Garten so gestaltest, dann schadest du weder Mensch noch der Natur, hast trotzdem großen Erfolg und bewirtschaftest deinen Garten nachhaltig.

Es gibt viele Vorteile dafür, dass du dir eine Permakultur anlegst. Durch die Permakultur werden die natürlichen Ressourcen unseres Planeten erhalten, weil du auf fossile Energiequellen verzichtest und dafür auf natürliche Energiequellen wie die Sonne und den Wind zurückgreifst. Du erfährst in diesem Buch, wie du das anstellen kannst und was dein Garten alles an natürlichen, nachhaltigen Ressourcen hergibt. Du lernst auch, wie du deinen Abfall reduzierst, indem du einen Kompost anlegst und Dinge wiederverwenden kannst.

Eine Permakultur ist weniger arbeitsintensiv als ein herkömmlicher Garten. Wie du das zum Beispiel durch Bodenoptimierung und Mischkulturen schaffst, erfährst du in diesem Buch. So sparst du Geld und Zeit und tust der Natur auch noch etwas Gutes dabei, weil du sie sich selbst regulieren lässt. Du wirst lernen und erkennen, was ein guter Boden ist und was es bedeutet, dass ein Boden lebendig sein soll.

Die Permakultur arbeitet mit der Natur zusammen und nicht gegen sie, wie die konventionelle Landwirtschaft. Du wirst einen besseren Blick dafür bekommen, wie und wo die Industrie die Natur zerstört und wie es anders geht. Du wirst sehen, dass auch du als Einzelperson viel verändern kannst. Denn du förderst die Artenvielfalt und kannst helfen, Spezies von Tieren und Pflanzen zu erhalten, indem du ihren einen Lebensraum bietest. Da du also auch keine chemischen Mittel verwendest, weil alles natürlich sein soll, erzeugst du durch deine Permakultur reine Bio-Produkte! Du tust also dir und deinen Liebsten etwas Gutes und du wirst erfahren, wie du das ganze Jahr von deinem Garten leben kannst, indem du die Aussaat und damit auch die Erntezeiten planst.

Bei der Permakultur wird der vorhandene Raum optimal genutzt. Alle Bereiche des Gartens werden mit einbezogen. Wie du das erreichen kannst, wirst du durch die Zonenplanung erfahren. Auch durch die Planung, welche Elemente der Permakultur du umsetzen willst, wirst du sehen, wie du die Begebenheiten optimal nutzen kannst.

In diesem Buch wirst du erfahren, welche Arten der Bodenoptimierung es gibt und wie du natürlichen, nachhaltigen Dünger selbst herstellen kannst und das aus Dingen, die du schon zuhause hast.

Du bekommst einen Schritt für Schritt Guide an die Hand, der dich durch die Planung deiner erfolgreichen Permakultur führt. Du erfährst, wie du deinen Garten richtig beobachtest, wie du deinen Boden analysierst und welche Methoden du dafür hast.

Nach der Analyse erfährst du, wie du deine Permakultur richtig designst und planst und was du dabei beachten musst, um dein Projekt erfolgreich starten zu können.

Zu der Permakultur zählt auch die Nachhaltigkeit und damit die Frage, was du alles selbst herstellen kannst. Neben Dünger gehört auch die Jungpflanzenanzucht dazu. Du erfährst, was für die Anzucht von Jungpflanzen wichtig ist, wie du typische Fehler vermeiden kannst und auch, was du bei der Anschaffung und Lagerung von Saatgut beachten musst.

Die Permakultur ist ein Ökosystem, das sich selbst regulieren soll. Um das zu erreichen, musst du der Natur etwas unter die Arme greifen. Das geht am besten, indem du eine Mischkultur anlegst. Was dafür wichtig ist und wie das funktioniert, erfährst du in diesem Buch. Denn du kannst nicht alle Pflanzen einfach zusammen setzen. Es gibt gute und schlechte Beetpartner – die einen unterstützen sich, die anderen schaden sich. Wie du welche Pflanzen in einer Mischkultur anlegen kannst, wirst du lernen.

Auch wenn du in der Stadt mit kleinem Grundstück wohnst, kannst du dir mit dem Prinzip „Urban Gardening" und dem „Vertical Gardening" eine Permakultur erschaffen und dich selbst versorgen. Wie du das am besten anstellst und was es für Besonderheiten dabei zu beachten gibt, erfährst du in diesem Buch.

Mit der Permakultur lieferst du der Natur einen großen Liebesbeweis, denn du unterstützt sie durch Zurückhaltung und Nachhaltigkeit. Durch die natürlichen und robusten Mischkulturen erzeugst du starke Pflanzen, die dir einen gesunden und reichen Ertrag liefern. So gibt die Natur dir das zurück, was du für sie tust. Außerdem kannst du in einer Permakultur deiner Kreativität freien Lauf lassen, da sie viele kreative und individuelle Anbaumöglichkeiten bietet, die sich ganz individuell deinen Bedürfnissen und deinem Garten anpassen.

Die Bewahrung unserer Umwelt liegt in der Verantwortung eines jeden einzelnen von uns. Als Gärtner bist du einer der Hauptakteure dieses Wandels und kannst durch das Kreieren einer Permakultur einen großen Anteil daran leisten!

Gärtnern im Einklang der Natur

Kein Permakulturgarten gleicht dem anderen, was das spannende und tolle an diesem Konzept ist. Denn eines der zentralen Elemente von Permakulturen ist, dass man die Ressourcen und Gegebenheiten verwendet, die vor Ort gegeben sind. Du gärtnerst also wirklich ganz wörtlich „im Einklang der Natur" und richtest dich nach ihr, also nach deinem Garten. Trotzdem haben alle Permakulturen einen gemeinsamen Rahmen.

In diesem ersten Kapitel wirst du erfahren, was genau die Permakultur ausmacht und was genau das „Gärtnern im Einklang der Natur" bedeutet. Die Natur zeigt, dass unbegrenztes Wachstum nicht möglich ist. Die Permakultur stellt daher die Frage, wann es genug ist. Du wirst darin ermutigt werden, Widerstand gegen die unersättliche Konsumgesellschaft zu entwickeln, denn du hast eine selbst kreierte Alternative des Wirtschaftens gestaltet. Du lernst dafür die Grundprinzipien kennen und was genau die Elemente der Permakultur sind, – da gibt es ganz verschiedene, von Hochbeeten bis Kartoffelpyramiden über Keyhole Beete. Wie du all diese Dinge erfolgreich anlegst, welche für dich geeignet sind und was das überhaupt alles ist, erfährst du hier. Das erste Kapitel zeigt dir auch, wie deine Permakultur die Artenvielfalt unterstützen kann und warum sie die optimale Ressourcennutzung erzeugt.

Die Grundprinzipien

Die Grundprinzipien Earth Care, People Care und Fair Care zeigen, dass Permakulturen nicht nur die reine Erschaffung von Nahrung sind. Es geht darum, dass du für die Menschen und die Erde sorgst und gleichzeitig dein Konsumverhalten überdenkst.

Die Sorge um die Erde zeigt, dass die Erde als Ganzes wertvoll und mit Leben gefüllt ist. Sich um die Erde zu kümmern heißt, für alle Lebewesen Existenzmöglichkeiten zu schaffen, ganz egal, ob diese Lebewesen einen Nutzen für den Menschen haben. Dazu gehört auch, dass wir darauf achten, dass der Boden natürlich und lebendig ist. Das Prinzip der Sorge um die Erde verlangt auch, dass die BewohnerInnen eines Ortes sich mit ihm beschäftigen und Verantwortung übernehmen für diesen Ort. So bauen Permakulturen Systeme in urbanen Siedlungsräumen auf, damit andere Plätze der Natur wieder der Natur übergeben werden können. Zum Beispiel können Wiesen einfach Wiesen bleiben und müssen nicht wirtschaftlich genutzt werden, wodurch auch in Städten mehr Lebensräume für Tiere und Pflanzen geschaffen werden können. Damit tun wir der Natur etwas Gutes und können auch außerhalb unseres Gartens die Artenvielfalt erhöhen.

Die Sorge um die Menschen sieht, dass wir gesund sein müssen und Nahrung brauchen, damit wir im Großen etwas bewirken können. Gleichzeitig werden wir dazu aufgefordert, einen Rahmen zu schaffen, in dem wir selbstständig und eigenständig werden können. Durch dieses Prinzip werden wir vor die wichtige Frage gestellt, welche Bedürfnisse wir eigentlich haben. Denn diese müssen wir zum einen solidarisch und zum anderen auch möglichst respektvoll erfüllen. Darüber hinaus erkennt das System unsere sozialen Bedürfnisse. Auch diese müssen wir beim Gestalten beachten und berücksichtigen.

Die Sorge um den Konsum hält uns dazu an, den Konsum neu zu betrachten, zu begrenzen und Überschüsse zu verteilen. Wenn wir durch die Permakultur neu lernen, dass es im jahreszeitlichen Rhythmus Werden und Vergehen gibt, erfahren wir neue Arten von Vielfalt, aber auch von Grenzen. Uns wird vor Augen geführt, dass alles Leben endlich ist und dass wir gut und nachhaltig mit dem umgehen müssen, was wir haben, denn es währt nicht ewig.

Neben den drei Grundprinzipien gibt es auch noch die fünf „R"s, die einen respektvollen Umgang mit Ressourcen beschreiben.

Refusing heißt, dass du den Gütern widerstehen sollst, die du nicht brauchst.

Reducing heißt, dass du Müll, Energie und Material auf ein Minimum reduzieren sollst.

Reusing heißt, dass du Dinge mehrfach benutzen sollst.

Repairing heißt, dass du kaputte Dinge reparieren und nicht gleich wegschmeißen sollst.

Daran schließt direkt an:

Recycling, was heißt, dass du wertlos wirkende Dinge aufwerten sollst („Upcycling"), damit sie noch einen weiteren Sinn haben.

Das Ziel von Permakulturen ist es, multifunktionale und nachhaltige Ökosysteme zu erschaffen und zu erhalten. Diese Systeme sind der Natur nachempfunden und daher besonders schonend und gut für die

Umwelt. Vorbilder sind autarke Ökosysteme wie Wälder, Regenwälder, Sümpfe und auch Auenlandschaften. Die Permakultur will, dass wir Menschen stets sorgsam und vernünftig mit der Natur umgehen. Daher schürt sie auch unser Umweltbewusstsein und sensibilisiert unsere Sicht auf die Natur – es braucht keine Gülle auf den Feldern oder Mais, soweit das Auge das Auge reicht: Es geht anders – es muss anders gehen.

Du siehst: Die Permakultur betrachtet zum einen eine besondere Art des Gärtnerns und zum anderen zielt sie auf eine möglichst regionale und im Idealfall komplett selbstständige Versorgung mit Lebensmitteln an. Dabei sollen wir den Konsum reduzieren, den Energieverbrauch senken und die vorhandenen Ressourcen effizient nutzen und nicht ausbeuten.

Auch für deine Gesundheit ist die Permakultur ein wahrer Segen. Du lebst im Einklang mit dir selbst, der Natur und der Gemeinschaft. Du ernährst dich ökologisch und gesund, da die Dinge in deinem Garten ohne Chemie und andere Hilfsmittel wachsen. Außerdem hast du tägliche Bewegung an der frischen Luft und du förderst den Geist durch die Beschäftigung mit den natürlichen Vorgängen deines Gartens, die superspannend sind. Du wirst jeden Tag etwas Neues entdecken!

Elemente der Permakultur

So unterschiedlich, wie die Permakulturen sind, sind auch ihre Elemente und Designs. Es gibt viele verschiedene Möglichkeiten, wie du deine Permakultur anlegen kannst und alle funktionieren auf ihre eigene Art und Weise. Einige Elemente haben sich als sehr produktiv herauskristallisiert und sind schon fast ein Muss in jeder Permakultur. Dazu gehören die Kräuterschnecke, das Hochbeet und das Hügelbeet.

Daneben gibt es noch andere Designs, die du für deine Permakultur bauen kannst. Sie alle helfen dir dabei, dass deine Pflanzen glücklich sind, du einen hohen Ertrag erzielst und dabei auch deinen Platz komplett und optimal nutzt.

Die Kräuterschnecke

Eine Kräuterschnecke erlaubt dir, viele verschiedene Gartenkräuter auf kleinem Raum anzubauen. Welches Kraut wo stehen kann, musst du unbedingt beachten, denn nicht alle Kräuter werden Freunde. So können sich zum Beispiel Oregano und Salbei gut riechen, Basilikum und Melisse sollten allerdings nicht nebeneinander stehen. Wenn du solche Punkte beachtest, kann eine Kräuterschnecke das ganze Jahr über Ertrag liefern.

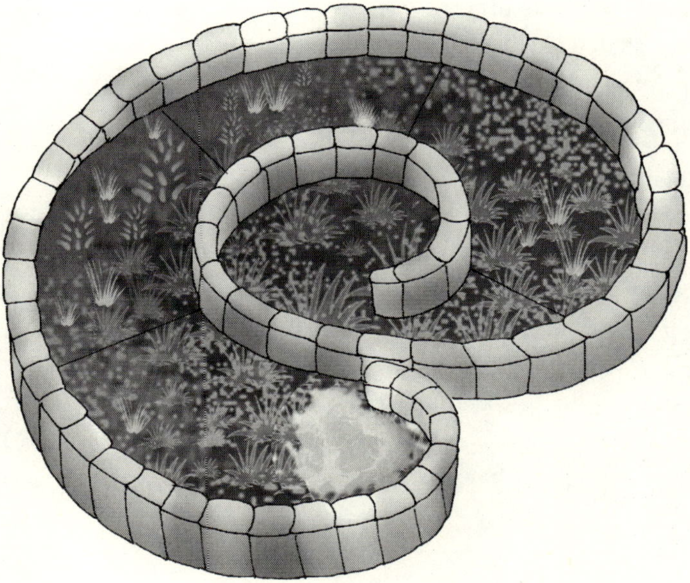

Generell wird eine Kräuterschnecke aus Steinen errichtet. Vor allem der innere Aufbau ist wichtig: Ganz unten befindet sich das Fundament der Schnecke, das du aus ungefähr 25 cm Kies und Schotter errichtest. Um das Fundament herum, kannst du schon einmal die äußerste Mauer der Schnecke errichten. Benutze dafür große Steine und keinen Mörtel, errichte also eine Trockenmauer, bei der die Steine sich gegenseitig stützen und damit Halt geben. Die Lücken zwischen den Steinen können kleinen Tieren noch Lebensraum bieten! Baue die Schnecke dann mithilfe von Kies, Sand und Erde in die Höhe und errichte mit den Steinen eine schneckenförmige Mauer bis zur Spitze. Fülle die Schnecke dann mit guter, natürlicher Erde und Kompost, also mit allem, was deine Pflanzen brauchen. Am besten füllst du an die Spitze der Schnecke Gartenerde mit Sand im Verhältnis 50/50. Weiter nach unten nimmt der Sandanteil dann stetig ab. Nun wird die Kräuterschnecke bepflanzt. Sie ist nicht nur praktisch und ergiebig, sondern auch wirklich sehr hübsch anzusehen.

Das Hochbeet

Ein Hochbeet macht dir den ertragreichen Anbau von Obst und Gemüse besonders leicht – und das sehr platzsparend. Es recycelt sogar: Gras-, Baumschnitt und andere Gartenabfälle können im Hochbeet einen neuen Sinn bekommen. Durch diesen Gebrauch von organischem Material, ist der Boden in einem Hochbeet lebendig und besonders nährstoffreich. Durch diese Verrottung wird in dem Beet Wärme freigesetzt, die dafür sorgt, dass die Pflanzen schneller wachsen! Auch Schädlinge kommen nicht mehr so leicht an die Pflanzen, weil das Beet höher gelegt ist – dadurch ist das Gärtnern sogar bequemer.

1	Erde
2	Kompost
3	Grasschnitt, Streu von Tieren
4	Abfälle aus Küche und Garten
5	Äste oder auch Steine und Kies

Du kannst den Rahmen für das Hochbeet im Baumarkt kaufen oder, ganz nach „Reusing", das Vorhandene nutzen: Wie auch die Kräuterschnecke, kannst du das Hochbeet aus Stein errichten. Ebenso kannst du auch gut andere Reste verwenden, wie beispielsweise Ziegelsteine, Baumschnitt oder auch alte Blumentöpfe.

Viel wichtiger allerdings als der Rahmen ist die Befüllung: Das Hochbeet verfügt über mehrere Schichten. Von unten nach oben wird das Material immer feiner und zwischen die Schichten füllst du dann immer wieder eine dünne Schicht Kompost. Ganz unten liegen Äste oder auch Steine und Kies. Dann folgen Abfälle aus Küche und Garten, darauf verteilst du dann mehrere Schichten von Material, das gerade zur Hand ist: Grasschnitt, Streu von Tieren oder Laub zum Beispiel. Den Abschluss bilden dann immer eine mindestens 15 cm dicke Schicht aus Kompost oder Erde.

Das Hügelbeet

Ein Hügelbeet baust du aus verschiedenen Materialien, die im Garten anfallen, wie zum Beispiel Rasenschnitt, Äste, Unkraut oder auch Laub. Dank der Verrottung dieses Materials erhält das Hügelbeet viele Nährstoffe, weshalb du die Pflanzen darauf nicht weiter unterstützen musst, sie haben bereits alles, was sie brauchen. Der schöne Nebeneffekt der Hügelform ist, dass sich dadurch ganz nebenbei auch die Anbaufläche vergrößert. So kannst du mehr Lebensmittel anbauen.

1	Erde
2	Grober und feiner Kompost
3	Grasschnitt, Streu von Tieren
4	Abfälle aus Küche und Garten
5	Äste oder auch Steine und Kies

Hügelbeete sind meistens länglich und genau wie das Hochbeet geschichtet. Verwenden kannst du dafür das, was du zur Verfügung hast. Üblicherweise werden für ein Hügelbeet Äste, Grasschnitt, Laub, grober und feiner Kompost und Lehm verwendet.

Das Keyhole-Beet

Die Idee des Keyhole-Beetes kommt aus Afrika und wurde dazu erfunden, um Pflanzen ohne viel Wasser und Nährstoffen in sehr trockenem Boden zu versorgen.

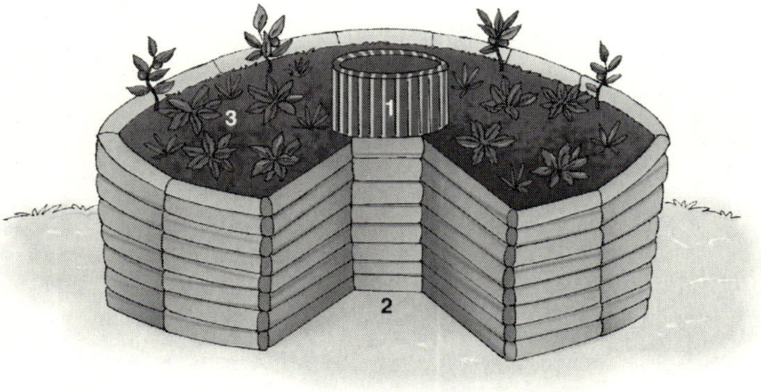

1	Nährstoff-Tank (Garten- und Küchenmüll mit Wasser)
2	Zugang zum Nährstoff-Tank
3	Pflanzen

Das African Keyhole wird in der u-förmigen Grundform angelegt und hat einen Eingang zu dem Behälter in der Mitte. Dieser ist der Nährstoff-Tank für das Beet. Er ist oben und unten offen und du kannst ihn wie einen Komposthaufen behandeln: fülle deinen Garten- und Küchenmüll ein und gieße ab und zu Wasser hinein. Das Beet wird mit Nährstoffen versorgt, indem du den Behälter leicht anhebst, so rieselt der Kompost in das Beet.

Diesen Behälter kannst du aus ganz verschiedenen Materialien bauen. Du kannst Schilfmatten nehmen, ein altes Rohr oder auch gewundene Äste. Äste haben den Vorteil, dass der Kompost von selbst auf das Feld rieselt und sie für die Pflanzen ein zusätzliches Rankgitter bilden, du kannst den Behälter also mehrfach nutzen, was im Sinne der Permakultur ist. Allerdings verrotten die Äste mit der Zeit und du musst sie jährlich auswechseln.

Das Beet sollte nicht größer sein als 3 m und der Behälter sollte ungefähr 1,30 m hoch sein. Bei dem Keyhole-Beet ist vor allem die richtige Schichtung wichtig. Die Umrandung des Beetes ist dir überlassen, du kannst Holz, Stein oder auch Weinflaschen nehmen, solange das Material robust genug ist. Du kannst das Beet aber auch wie ein Hügelbeet aufschichten.

Unter die Beetbefüllung legst du eine Schicht aus Ästen, Zweigen oder alten Brettern. Darauf liegt eine feinere Schicht wie Gartenmüll oder Karton, zum Schluss kommt dann noch Kompost und Erde. Der Behälter wird auch zuerst mit groben Dingen wie Steine und Äste befüllt, damit der Kompost gut belüftet wird. Erst dann kommen die Küchen- und Gartenabfälle, die den Kompost bilden. Die lockeren Schichten in Beet und Behälter kannst du anlegen, mit was du möchtest, trockenes Laub eignet sich sehr gut dafür. Sie sind sehr wichtig, damit die Abfälle gut belüftet werden.

Diese Beete sind jahrelang sehr ertragreich und du kannst sie ganz individuell gestalten.

Die Kartoffelpyramide

Die Kartoffelpyramide ist sehr praktisch und platzsparend, du kannst dir mit ihrer Hilfe ein großes Kartoffelbeet sparen. Durch mehrere Etagen kannst du sehr viele Kartoffeln anpflanzen, nutzt den Platz optimal aus und erhöhst damit die Produktivität deiner Permakultur. Auch der Aufbau ist ziemlich simpel. Du musst nur aus Brettern verschieden große Rahmen zimmern, die du dann stapelst. Für die unterste Etage nimmst du am besten Bretter von 1,20 m Länge, nach oben hin dann immer kleiner, am besten immer 10–30 cm kleiner, als der Rahmen darunter. Die Höhe der Bretter sollte 20–30 cm sein, die unterste Etage gern auch etwas höher. Setze den ersten Rahmen auf den Boden, fülle ihn mit Erde und setze darauf dann den zweiten, kleineren Rahmen so, dass seine Ecken auf der Mitte des unteren Rahmens liegen. Fülle dann den zweiten Rahmen auch mit Erde und mach immer so weiter, bis es für dich genug Etagen sind.

Wenn du deine Pyramide 3 bis 4 Etagen hoch baust, kannst du bis zu 50 kg Kartoffeln ernten. Um diesen hohen Ertrag zu erzielen, müssen Standort und das Substrat stimmen. Kartoffeln brauchen einen hellen, sonnigen Platz, um richtig gedeihen zu können. Stelle die Pyramide also nicht auf die Nordseite oder in den Schatten von Gebäuden oder anderen Pflanzen.

Kartoffeln brauchen sehr nährstoffreichen Boden. Wähle für die Pyramide also ein reichhaltiges Substrat. Am besten reicherst du schon im Herbst vor dem Pflanzen die Erde mit Kompost an, damit sie zum Zeitpunkt des Anbaus optimal für die Kartoffeln vorbereitet ist.

Hilfezonen für die Natur

Wildsträucher-Hecken sind besonders wichtig für Vögel, Igel und viele Insekten, die in ihnen Schutz, Nahrung und Nistplätze finden. Die Hecken sind das ganze Jahr über für die Natur von hoher Bedeutung und wirken sich damit positiv auf die Artenvielfalt deiner Permakultur aus.

Genauso hilfreich für die Artenvielfalt sind Blumenwiesen, die für Insekten wichtig sind, – mit einer Wildblumenwiese hilfst du nicht nur den Insekten und vor allem den Bienen, du hast auch etwas Schönes zum Angucken! Zu der Blumenwiese kannst du auch mehrere Insektenhotels anbieten. Wichtig hierbei ist nur, dass sie wirklich insektengerecht sind. Viele Insektenhotels, die du kaufen kannst, sind eigentlich nicht korrekt designt und bieten den Insekten keine geeigneten Schlupflöcher. So findet man fast in allen Insektenhotels Stroh, was den Insekten keinen Mehrwert bietet und nur verwendet wird, weil es billig ist, genauso verhält es sich mit Tannenzapfen. Sie werden nur in fertige Insektenhotels eingearbeitet, weil sie viel Platz brauchen und wenig Geld kosten. Vermeide auch Insektenhotels, die in Holz gebohrte Löcher als Nistplatz anbieten. Diese Löcher sind nicht sauber und wenn zum Beispiel Mauerbienen hinein krabbeln, verletzen sie ihre Flügel.

Baue Insektenhotels am besten selbst. Verwende hartes Holz, um Splitter zu vermeiden. Wenn du den Insekten Bohrlöcher anbieten möchtest, achte darauf, dass du senkrecht zur Faserrichtung bohrst und die Löcher einen Durchmesser von 2–9 mm haben. Achte darauf, dass die Löcher sauber, also splitterfrei, sind. Dabei können kleine Düsenbürsten helfen, mit denen du das Loch glatt schleifst.

Gut geeignet sind neben korrekten Bohrlöchern, auch Röhrchen aus Schilf, Bambus oder ähnlichem Material. Die meisten Insekten mögen hohle Röhrchen in waagerechter Lage. Die Röhrchen sollten 10–15 cm lang sein und am hinteren Ende mit zum Beispiel Ton verschlossen sein, um auch wirklich Schutz zu bieten.

Stelle das Insektenhotel an einen sonnigen Ort, der vor Regen und Wind geschützt ist. Achte auch darauf, dass du es nicht direkt auf den Boden stellst. Denn so ist es besser vor eindringender Feuchtigkeit von unten geschützt.

Ohne Nahrung hilft das Insektenhotel wenig. Pflanze also auf jeden Fall insektenfreundliche Blumen, wie Lavendel oder Rosmarin, in die Nähe, damit die Insekten ihr Bed and Breakfast auch entspannt genießen können.

Die natürlichen Nistplätze der Insekten werden leider immer weniger – sie freuen sich sicher über deine Unterstützung!

Neben den Beeten sind auch Wildniszonen essenziell für Permakulturen. Sie dienen als eine Art „Schutzzone" für die Pflanzen und Tiere, die durch die Industrie, Monokulturen und durch unsere Reinlichkeit verdrängt werden.

Die Wildniszone solltest du da wachsen lassen, wo der Boden nährstoffarm ist, denn nur so kann in ihr auch wirklich Vielfalt entstehen. Nach dem Start, also dem Abgrenzen und Bepflanzen, solltest du die Wildniszone nicht mehr betreten oder etwas daran verändern, um der

Natur die Ruhe zu gönnen, die sie verdient. Dann werden sich dort bald Insekten tummeln, Vögel nach Nahrung suchen und vielleicht finden sogar Igel hier ihren Winterplatz.

Natürliche Vielfalt in der Permakultur

Das Gestalten und Bewahren von Vielfalt, gehört zu den wichtigsten Grundprinzipien der Permakultur. Und zwar in natürlichen Systemen, aber auch in menschengemachten. Die natürliche Artenvielfalt ist für das Aufbauen von Lebensgemeinschaften grundlegend nötig, wenn sie an ihre Lebensräume angepasst sein sollen. Denn nur so kann ein Ökosystem entstehen.

Ökosysteme entwickeln sich durch das Klima, die Landschaftsform und auch durch das Grundgestein, was den festen Fels beschreibt, der die Erdkruste bildet: also Erde, Kies und Fels. Durch das Grundgestein wird also bestimmt, welche Pflanzen sich auf welchen Plätzen und Orten wohlfühlen.

Gibt es Vielfalt im System, haben die Funktionen mehrere Möglichkeiten, um zu agieren. Wenn sich die Umweltbedingungen ändern, kann das System sich also anpassen und alternativ handeln, weil es breit aufgestellt ist.Aber für die Stabilität des Systems ist nicht nur die Quantität der Vielfalt wichtig, sondern auch die Qualität. Die Beziehungen der Pflanzen und Tiere des Ökosystems untereinander, sind also ein wichtiger Punkt in der Artenvielfalt, denn wenn sie nicht miteinander arbeiten und harmonieren, kann das Ökosystem nicht bestehen.

Das Wirkungsfeld einer einzelnen Art in ihrem Lebensraum wird „ökologische Nische" genannt. Häufig wird von mehreren, ähnlichen Arten ein gleicher Ort genutzt, die Arten haben sich aber ganz unterschiedlich angepasst. Zum Beispiel gibt es in einem Stück Wald unzählige Arten von Vögeln, die ihre individuellen Nischen durch zeitliche Versetzung oder verschiedene Nahrung gefunden haben. Durch die Versetzung singen zum Beispiel nicht alle Vögel gleichzeitig, deswegen können sie mit ihren Artgenossen kommunizieren, ohne sich gegenseitig zu übertönen. Und zum Beispiel frisst der Specht kleine Insekten aus der Rinde der Bäume, Amseln holen sich Käfer und Larven aus dem Boden, die Eule frisst kleine Säugetiere.

Selbst in den menschengemachten, landwirtschaftlichen Systemen, lassen sich ökologische Nischen finden. So fressen Schafe und Kühe zwar beide Gras, aber nicht von derselben Länge. Die Kühe fressen das hohe Gras und die Schafe bevorzugen das kurze – Kühe und Schafe könnten sich also einen Ort, also eine Weide, teilen und hätten beide ihre ökologische Nische und hätten damit keine Probleme miteinander.

Die Vielfalt von Tieren und Pflanzen entsteht durch regionale Anpassung an den jeweiligen Lebensraum, aber auch dadurch, dass einzelne Gruppen von anderen isoliert werden. Diese ökologische Isolation liegt vor, wenn mehrere Populationen derselben Art an einem Ort leben, aber die vorhandenen Ressourcen unterschiedlich nutzen. So haben sie verschiedene ökologische Nischen gebildet und es können so aus dieser einen Art dann neue, andere Arten entstehen. Ein berühmtes Beispiel hierfür ist der Darwin-Fink. Die Finken wurden nach Galapagos gebracht und haben sich dort weit verbreitet. Durch die große und weit ausgebreitete Population, haben sich aus dem Darwin-Fink viele verschiedene, neue Arten entwickelt, da sie verschiedenen Umweltfaktoren ausgesetzt waren.

So entsteht in der Natur keine Monokultur, denn die Umweltbedingen sind nicht stabil, wodurch die Natur variabel bleibt, um das System am Laufen zu halten und sich verschiedene Lösungswege offenzuhalten.

Damit das System aber so variabel bleiben kann, musst du beachten, deine Permakultur vielfältig aufzubauen, damit es für verschiedenste Tiere und Pflanzen die wichtigen, ökologischen Nischen geben kann. Hier die Balance zwischen Vielfalt und Produktivität zu finden, ist ein Entwicklungsprozess und eine große Herausforderung.

David Holmgren zeigt uns, dass natürliche Systeme nur dann funktionieren, wenn sie sich selbst regulieren, damit sich einzelne Elemente nicht unangemessen verhalten und damit das ganze System gefährden. Die Selbstregulation geschieht durch Krankheiten, Schädlinge und Fressfeinde, die das System stabil halten. Auch die Pflanzen, die wir als Unkraut deklarieren, haben zumindest eine wichtige Funktion: sie sind an der Bodenbildung und -regulation beteiligt. So ein sich selbst regulierendes System zu schaffen, ist unser Ziel in der Permakultur, denn nur durch Selbstregulation ist unser System stabil und standhaft gegen äußere Einflüsse. Eine Monokultur kann sich nicht selbst regulieren, denn ihr fehlen die Möglichkeiten und Wege. Eine Mischkultur, wie die Natur sie sich gedacht hat, anzupflanzen, ist erst einmal anstrengend und aufwändig, spart im Nachgang aber viel Zeit und die Natur wird es dir danken.

Wenn wir einen Blick in die Natur werfen, werden wir sogenannte „Randzonen" finden – also zum Beispiel den Übergang von Wasser zum Land oder der von Wald in die Wiese. Diese Randzonen sind voller Leben, denn hier treffen sich Tiere und Pflanzen aus zwei Systemen und es wachsen Pflanzen, die sich an diese Randzonen gewöhnt haben – die Vielfalt ist also riesig. Wenn wir diese Randzonen vergrößern, können wir die Produktivität des Systems steigern, ohne das System selbst vergrößern zu müssen. Ein randständiges System, dass du dir für deine Permakultur von Nütze machen kannst, sind Wildpflanzen, die gerne zwischen Wiesen und Wäldern stehen oder zwischen Wegen und Feldern: Pilze, Beeren, der Haselnussstrauch oder Holunder sind geeignete Beispiele. Du kannst sie zwischen die Zonen deiner Permakultur setzen, erhöhst damit die Vielfalt, nimmst in den Zonen keinen Platz weg und hast mehr Ernteprodukte. In diesen Randzonen finden sich die unterschiedlichsten ökologischen Nischen und dein Ökosystem kann sich viele Lösungswege für instabile Bedingungen ausdenken.

Die Planung der Permakultur in Zonen ist ein guter Anfang, um der Herausforderung Heer zu werden.

Das Idealmodell – Die fünf Zonen

Wenn du einen kleinen Garten hast, ist es schwierig, alle fünf Zonen einzubauen. Entscheide dich für die Zonen, die deinen Wünschen entsprechen und die zu den natürlichen Gegebenheiten deines Gartens passen.

Die fünf Zonen setzen sich zusammen aus einem Kräutergarten, einem Gemüsegarten oder auch Kleintierhaltung, Obst- und Nussbäumen, Weideland und einer Wildniszone. Die fünfte Zone, also die der Wildnis, ist Pflicht und gehört in jeden Garten, der nach der Permakultur errichtet wird.

Plane die Zonen so, dass sie am effizientesten angeordnet sind. Entwickelt wurde die Zonenplanung von dem Wirtschaftswissenschaftler Johann Heinrich von Thünen, der für die Landwirtschaft eine optimale Nutzung der anzubauenden Fläche erreichen wollte. Sein Modell heißt

„Thünische Ringe" und er hat sie nach dem Pflegeaufwand angeordnet – heißt, dass die in der Pflege aufwändigsten Zonen direkt am Haus zu finden sind, damit du nicht so weite Wege hast. Je weiter außen, desto selbstständiger funktionieren die Zonen. Mollisen und Holmgren haben dieses Zonierungskonzept für den Garten angepasst. Bei der Planung der Zonen musst du auch beachten, welche Einflüsse auf welche Bereiche treffen. Aus welchen Richtungen strahlen zum Beispiel die Winter- und Sommersonne? Woher kommt der Wind? Welche Flächen sind windgeschützt? Wo könnten Gefahren wie Feuer und Hochwasser drohen?

Natürliche Gegebenheiten, wie Flüsse, Berge und Seen, bestimmen also die Makroplanung deines Gartens. Bäume hinter Feldern können zum Beispiel als Windschutz dienen, was du dann in der Mikroplanung durch zum Beispiel Erdwälle noch weiter unterstützen kannst.

Zone 1 befindet sich direkt an deinem Haus. Hier findet die Anzucht deiner Pflanzen statt und der Anbau von Kräutern. Du kannst hier auch aufwändigeres Gemüse anpflanzen, das mehrmals am Tag geerntet wird, wie Rucola. Auch deine Werkzeuge kannst du in dieser Zone lagern, damit du sie in der Nähe und griffbereit hast.

Die zweite Zone befindet sich in weiterer Entfernung zu deinem Haus. Diese Zone wird noch einmal unterteilt in Zone 2A und Zone 2B. In Zone 2A pflanzt zu feines Gemüse an, also Blattgemüse wie Spinat oder Salate und sogenannte Fruchtgemüse, wie Gurken, Kürbisse, Auberginen oder auch Tomaten. Die Gemüsesorten in dieser Zone solltest du mindestens einmal am Tag aufsuchen.

In der Zone 2B findest du das Grobgemüse. Grobgemüse sind zum Beispiel Hülsenfrüchte oder auch Bohnen, Zwiebelgewächse,

Wurzelgemüse und Kohlsorten. Diese Pflanzen brauchen nur alle zwei bis drei Tage einen Besuch.

Wenn du Tiere halten möchtest, wie Kaninchen oder Hühner, gehören diese ebenfalls in die zweite Zone. Tiere brauchen natürlich mehr Aufmerksamkeit, als Kohl oder Zwiebeln und gehören damit in Zone 2A.

Die dritte Zone ist für Lagerprodukte, wie Kartoffeln oder auch Getreide, angedacht. Wenn du den Platz hast, kannst du diese robusten Pflanzen in größeren Mengen anbauen. Diese Zone musst du nur alle paar Tage mal aufsuchen.

Die Zone 4 ist ein Obst- und Nussgarten mit Wiesen und, wenn du möchtest und kannst, für Bienenhaltung geeignet. Die hier angepflanzten Sträucher und Bäume benötigen wenig Pflege und es reicht, wenn du alle paar Wochen nach ihnen siehst. Wenn du Bienen hältst, musst du auch nach ihnen nur alle paar Wochen sehen, außer im Mai: hier beginnt die Hochzeit der Bienen und sie brauchen mehr Pflege.

Hast du einen wirklich großen Garten, kannst du in dieser Zone auch größere Tiere halten, wie Schafe, Ziegen oder auch Schweine.

Die fünfte, und damit die äußerste Zone, sollte in keinem Permakulturgarten fehlen und wenn es auch nur ein verstecktes Stück hinter drei Büschen ist. Die fünfte Zone ist die Wildniszone und kann mit Insektenhotels und Totholz bestückt werden, um diversen Insekten eine Heimat zu bieten, wodurch auch die Schädlinge auf den Nutzpflanzen in Schach gehalten werden, weil die Insekten sich von ihnen ernähren.

Auch kleine Säuger, wie vor allem Igel, freuen sich über wilde, naturbelassene Bereiche, in denen sie zum Beispiel in Ruhe überwintern können.

Wie schon erwähnt, wird dein Garten kaum groß genug sein, um all diese Zonen so ideal anzulegen, wie hier erklärt. Verstehe das Zonenkonzept als Hilfsmittel der Orientierung. Es müssen nicht alle Zonen in jedem Garten zu finden sein, du kannst dich auf die konzentrieren, die dir am wichtigsten sind. Es müssen auch nicht alle Zonen riesig groß sein, Zone 3 kann auch nur aus einem kleinen Kartoffelbeet von wenigen Quadratmetern bestehen. Die Zonen sollen dazu beitragen, die Produktion und deren Ergüsse im Gleichgewicht zu halten und damit die Nutzung der Permakultur zu optimieren.

Wie leicht Zonen zugänglich sind, hängt nicht nur von der Entfernung ab, sondern auch von anderen Gegebenheiten wie Mauern oder Schuppen, – vergiss diese Bestandteile des Gartens nicht in der Zonenplanung! Wenn du ein Problem damit hast, dir vorzustellen, wie du welche Zonen platzieren willst, dann überlege dir, in welchen Bereichen des Gartens du dich am meisten aufhalten möchtest: hier solltest du Zone 1 und Zone 2 planen.

Auch die genutzten Pflanzenarten werden von Mollison und Holmgren in verschiedene Zonen, beziehungsweise Stufen, eingeteilt. Die Stufen reichen von einfacher Ernte bis hin zu komplizierter Verarbeitung, wie Destillation. Wenn du die Pflanzen für die Zonen auswählst, spielen die Verwendungsstufen und Zonen eine Rolle, pflanze also arbeitsintensive Pflanzen in Zonen, die du häufig besuchst und nicht ans Ende des Grundstücks. Aber auch die Funktionen der Pflanzen spielen eine Rolle. Viele Pflanzen können nämlich mehrfach verwendet werden, was die Ressourcennutzung optimiert: Löwenzahn zum Beispiel, ist erst einmal gute Nahrung für Bienen und Kleintiere, kann aber auch als Salatzutat verwendet werden und findet auch für medizinische Zwecke Anwendung. Auch das Grün der Möhren kann für Kleintiere als Nahrung dienen, kann aber auch einfach auf dem Feld nach der Ernte liegen gelassen werden, verrottet und wird zu nährstoffreichem Kompost.

Optimale Ressourcennutzung

Wir sollten den vorhandenen Überfluss der Natur bestmöglich nutzen. Denn so sind wir nicht mehr so stark von nicht erneuerbaren Ressourcen abhängig.

Erneuerbare Ressourcen sind jene, die nach dem Verbrauch durch unterschiedliche natürliche Prozesse auf natürliche Weise erneuert werden können. Somit nutzen wir dadurch weniger nicht erneuerbare Ressourcen. Erneuerbar sind also solche Ressourcen, die von Pflanzen, Tieren, aus dem Wasser oder lebendigem Boden kommen. Ein einfaches Beispiel ist ein schattenspendender Baum, der den industriellen Sonnenschirm ersetzen kann.

Heutzutage machen wir uns wieder mehr Gedanken darüber, mehr Balance in die Nutzung von Ressourcen zu bekommen. Die erneuerbaren Ressourcen optimal zu nutzen, bedeutet, das Beste aus dem zu machen, was man hat. Gleichzeitig verbraucht man auch nur so viel, wie sich regeneriert hat. Um herauszufinden, ob du deine Ressourcen angemessen nutzt, kannst du dir folgende Frage stellen: Kann ich das Produkt so lange nutzen, bis die Natur dieses wieder ersetzen kann?

Es ist also angemessen, Sonne, Wasser, Wind oder Gezeiten zu verwenden, weil diese sich täglich erneuern. Anders verhält es sich beispielsweise mit Holz, weil Bäume langsam wachsen.

Wenn du sensibel mit den Ressourcen umgehen willst, ist es auch wichtig, dass du über ihre hochwertigste Nutzung nachdenkst, – also: Wie verwende ich die Ressource am besten und sinnvollsten?

Am besten solltest du Ressourcen sammeln, wenn sie reichlich vorhanden sind. Energiequellen, die sich regenerieren, wie zum Beispiel die Sonnenenergie, können einen wichtigen Beitrag für deine Permakultur leisten. Das kann auch ohne Solarzellen funktionieren: Das Trocknen der Ernte, aber auch von Wäsche und Holz oder das Erhitzen von Wasser sind da einige Ideen. Auch Windenergie kannst du gut nutzen, zum Beispiel für Pumpen oder für die Stromerzeugung.

Einen Blick zu unseren Vorbildern, den natürlichen Ökosystemen, zeigt, dass die Ressourcen in der Natur auch für spätere Nutzung gespeichert werden: Was für ein Lebewesen ein Energiespeicher ist, ist für das andere eine Energiequelle. So nutzt Gras die Sonnenenergie und speichert sie in den Blättern für das Wachstum, Insekten wie die Raupe ernähren sich von diesen Blättern, was ihr zu mehr Körpermasse verhilft, die dicken Raupen werden wiederum von Vögeln als Nahrung verwendet. Wenn der Vogel stirbt, verrottet er und führt dem Boden wieder Nährstoffe zu, die das Gras wachsen lassen.

Sonnenenergie wird in der Natur durch vier Elemente gespeichert: Wasser, Bäume, Samen und lebendige Erde. Für uns ist die Sonnenenergiespeicherung am einfachsten machbar durch die sogenannte „Sonnenfalle“. In deinem Garten kannst du so eine Sonnenfalle aus Sträuchern und Bäumen pflanzen. Die Pflanzen werden so gesetzt, dass sie ein „U“ oder ein „V“ formen, dessen Öffnung nach Süden ausgerichtet ist. Die größten Bäume und Büsche setzt du auf die Nordseite, damit sie kalte Winde abhalten. In Richtung Westen und Osten nimmt die Größe der Pflanzen ab, damit die Sonne auch von diesen Richtungen in die geschützte Bucht scheinen kann. In dieser Bucht kannst du dann empfindlichere Pflanzen anpflanzen. Die Wirkung der Bucht kannst du noch steigern, indem du große, wärmespeichernde Steine auslegst.

Durch die richtige Planung und das Speichern von Sonnenenergie kannst du Kleinklimazonen erschaffen, die auch für Pflanzen geeignet sind, die hier sonst nicht ohne große Hilfe einfach wachsen könnten – damit kannst du wiederum die Artenvielfalt erhöhen und die Produktivität deiner Permakultur steigern.

Auch die Ressourcen, die im Alltag anfallen, kannst du weiterverwenden. Du kannst aus deinem Haus- und Gartenmüll Kompost generieren und Regenwasser und Grauwasser für die Bewässerung nutzen. Grauwasser beschreibt gering verschmutztes Wasser, wie das aus Bädern oder der Waschmaschine.

Wenn du Tiere halten möchtest, sind auch Nutztiere eine Ressource, die in vielfacher Hinsicht deiner Permakultur helfen. Kaninchen zum Beispiel verwerten organische Abfälle, liefern dafür Fleisch und Kompost, Hühner fressen Ungeziefer und liefern dafür Eier und auch Fleisch.

Tierhaltung in der Permakultur

Du kannst verschiedene Nutztiere in deiner Permakultur halten, die sinnvoll für Garten und Mensch sind. Da die meisten keinen Platz für Ziegen, Schafe oder Schweine haben, sind vor allem Hühner, Kaninchen oder auch Bienen sehr beliebt.

Hühner

Hühner sind sehr praktische Tiere für Selbstversorger. Sie legen Eier, ihr Kot ist für den Garten sehr gut und, sofern du das möchtest, geben sie dir auch Fleisch. Das Beste an Hühnern ist aber, dass du sie als natürliche Gartenhelfer benutzen kannst – und das macht ihnen auch noch Spaß!

Tatsächlich braucht ein Huhn nicht allzu viel, um glücklich zu sein: ausgewogenes Futter wie Samen, Nüsse, Obst, Gemüse und Würmer sind für Hühner ideal. Was sie auf jeden Fall benötigen, ist ein Sandbad, um sich von Parasiten befreien zu können. Sonst kannst du Hühner einfach frei laufen lassen, das spart Futter, denn das suchen sie sich in deinem Garten dann selbst. Sobald es dunkel wird, finden sie den Weg in den Stall von ganz allein, du siehst: Hühner brauchen nicht viel Unterstützung des Menschen.

Dein Gemüsegarten ist für Hühner allerdings ein prall gefülltes Buffet, hier musst du etwas aufpassen, sonst zerstören sie dir deine Ernte, denn Hühner lieben junge Pflanzen, Beeren und Kräuter und hinterlassen ein Schlachtfeld: Der Zaun zum Schutz muss hoch genug sein, denn Hühner können höher flattern, als du denkst. Optimal ist, diesen ungefähr 160 cm hoch zu bauen.

Wenn du aber ein neues Beet anlegen möchtest, kannst du sie als Vorarbeiter nutzen: Hühner holen komplette Grasoden aus dem Boden, picken Kräuter aus der Erde und versorgen den Boden durch ihren Kot mit wertvollem Stickstoff.

Ist die Gartensaison zu Ende, kannst du den Hühnern den Gemüsegarten überlassen. Sie fressen Schädlinge ab, die überwintern und hemmen damit deren Ausbreitung. Hühner scharren das Laub komplett um und finden so die Schneckeneier, deren Brut dir die nächste Ernte vermiesen könnte und sie dämmen auch die Raupenpopulation ein, sie sind also natürliche Schädlingsbekämpfer.

Hühner sind auch eine große Hilfe beim Kompost. Das unschöne Wenden von diesem können dir die Hühner abnehmen. Durch ihr Scharren bringen sie mehr Sauerstoff in den Kompost, was die Bildung von

Schimmelpilzen verhindert und die Verrottung beschleunigt. Und durch ihren Kot liefern sie nebenbei noch mehr Kompostmaterial.

In deinem Hühnerstall müssen Sitzstangen, Nestboxen und immer frisches Wasser vorhanden sein. Als Einstreu kannst du Stroh verwenden, es eignet sich aber auch Laub sehr gut, denn Laub hält nicht nur länger als Stroh – es bindet das Ammoniak aus dem Hühnerkot auch sehr viel besser und der typische, beißende Geruch eines Hühnerstalls entfällt komplett. Außerdem kannst du so die Ressource Laub sehr gut wiederverwenden und es danach einfach auf den Kompost werfen.

Kaninchen

Kaninchen sind, genau wie Hühner, wertvolle Gartenhelfer, haben aber ganz andere Ansprüche als ihre gefiederten Kollegen. Sie brauchen einen Stall und einen eingezäunten Auslauf. Für zwei Kaninchen musst du mindestens 10 qm einplanen, für jedes zusätzliche Kaninchen nochmal 2 qm mehr. Am besten eignet sich die Haltung einer Gruppe von einem Männchen und mehreren Weibchen – aber Achtung: Kaninchen vermehren sich sprichwörtlich wie die Karnickel! Um dem Einhalt zu gebieten, solltest du die Männchen der Gruppe kastrieren lassen. Das ist natürlich nicht ganz im Sinne der Natur, in der Tierhaltung ist der Platz aber sehr begrenzt, weshalb die Population so künstlich in Schach gehalten werden muss, damit deine Kaninchen sich wohlfühlen. Den Auslauf und auch den Stall der Kaninchen, musst du vor Räubern wie Mardern, Ratten, Katzen und auch Raubvögeln schützen, denn die Kaninchen sind beliebte Beute. Da sie Fluchttiere sind, musst du im Auslauf auch genügend Unterschlupfe vorbereiten, damit sie sich verstecken können, wenn ihnen danach ist und sie nicht in Panik geraten. Beliebt sind vor allem Tunnel in jeglichen Formen und

Arten. Du kannst eine Kiste nehmen und an zwei Seiten einen Eingang ausschneiden oder zwei Holzbretter wie ein Dreieck zusammen schrauben.

Auf einer natürlichen Wiese finden Kaninchen alles an Nahrung, was sie brauchen. Zusätzlich kannst du ihnen Gartenabfälle wie Heu, Äste oder Laub anbieten und auch Ernteüberschüsse von Gemüse und ab und zu etwas Obst essen sie gern.

Der perfekte Auslauf für Kaninchen bietet ihnen ausreichend Beschäftigung und natürlich die Gemeinschaft mit ihren Artgenossen. Du musst regelmäßig den Kot entfernen, damit die Tiere nicht krank werden. Diesen kannst du als Kompost wiederverwenden.

So wie Hühner die Pflanzen von Schädlingen befreien und sich um unerwünschte Gewächse kümmern, vernichten Kaninchen zuverlässig die Gartenabfälle und liefern wertvollen Kompost durch ihren Kot.

Bienen

Bienen liefern natürlich leckeren Honig und andere Nebenprodukte wie Wachs oder Propolis, sie sind aber auch essenziell wichtig für ein funktionierendes Ökosystem. Ohne ihre Bestäubung müssten wir auf viele Gemüse- und Obstsorten, aber auch auf Nüsse, Gewürze und Ölfrüchte, wie Raps oder Sonnenblumen, verzichten.

Die Bienenhaltung ist grundsätzlich jedem gestattet, auch wenn du mitten in der Stadt wohnst. Wenn du Einsteiger bist, lohnt sich aber auf jeden Fall ein Seminar bei einem Imker. Diese werden immer mehr angeboten, da die Haltung von Bienen immer beliebter wird.

Wenn du jetzt denkst, dass Bienen doch gefährlich sind, kannst du dich wieder beruhigen: sie interessieren sich nicht für unser Essen oder Trinken und setzen ihren Stachel wirklich nur dann ein, wenn ihr Bau akut bedroht wird, – denn Bienen sterben, wenn sie sich mit ihrem Stachel wehren. Das überlegen sie sich also zweimal.

Wenn du deine Bienenstöcke selbst pflegen willst, brauchst du dafür nicht viel Werkzeug. Natürlich benötigst du Bienenkästen für die Völker und Schutzkleidung für dich, dazu aber auch den Smoker, um die Bienen bei der Arbeit am Bau zu beruhigen, einen Abkehrbesen, um die Bienen sanft von den Waben zu entfernen, den Zerstäuber, um zum Beispiel Jungbienen zu befeuchten und Geräte für die Honigernte, wie die Schleuder zum Waben schleudern und ein Honigsieb. Wenn dir das zu kompliziert erscheint, musst du dir keine Sorgen machen: viele Imker bieten, vor allem in urbanen Gebieten, mittlerweile an, dass sie ihre Völker bei dir in den Garten stellen und die Pflege der Tiere übernehmen, im Gegenzug bietest du seinen Tieren dein Grundstück als Wirkungsfeld. Besonders für Bienen geeignet sind beispielsweise Blüten von Obstbäumen, Beerensträuchern, Löwenzahn, Efeu oder auch Sonnenblumen.

Hast du Bienen im Garten, wird deine Ernte sehr viel prächtiger ausfallen, da die Bienen ganze Arbeit leisten bei dem Bestäuben. Sie danken es dir mit Honig und du trägst durch ihre korrekte Haltung einen wichtigen Anteil an ihrem Artenschutz bei.

Bodenoptimierung

Dieses nächste Kapitel beschäftigt sich mit dem Boden, denn ein lebendiger Boden ist die Grundlage für gesundes Leben und damit die Basis für eine gelungene Permakultur. Im Gegensatz zu der Bodenbearbeitung in der konventionellen Landwirtschaft, wird der Boden bei der Permakultur kaum bearbeitet, damit die Natürlichkeit bewahrt wird, er wird nur zu Beginn wieder zum Leben erweckt und dadurch optimiert. Regenwürmer, Insekten, Humus, Steine, – alles ist willkommen. Denn der Boden soll natürlich und vielfältig sein. Häufig braucht unser Boden im Garten aber etwas Hilfe, um diese natürliche Lebendigkeit zurückzuerlangen. In diesem Kapitel bekommst du Tipps für die Bodenoptimierung und mit welchen Elementen du einen gesunden, nährstoffreichen Boden entstehen lassen und unterstützen kannst. Denn wenn du deinen Boden optimierst, hast du die wichtigste Grundlage für deine Permakultur geschaffen.

Ein brach liegender Boden ist beschädigter Boden, der dann in Erscheinung tritt, wenn Menschen oder auch Tiere das ökologische Gleichgewicht gestört haben. Wenn der Boden erst einmal brach liegt, ist er für Zerstörungen durch Naturkräfte (wie Feuer oder Stürme) und für Krankheiten leichter anfällig.

Tatsächlich gedeihen aber auch einige Pflanzen auf fast jedem Boden. So können Mikroorganismen in Verbindung mit Algen oder Schilf sogar Benzin- und Dieselreste aufsparen und Schwermetalle binden! Oft sind unsere „Unkräuter", wie Brombeeren oder Disteln, der Versuch der Natur, den geschädigten Boden wieder zu verbessern und damit den Weg für mehr Leben zu ebnen.

Es gibt drei Grundsätze, um den Bodenverlust zu minimieren

- Baue Wälder und Gebüsch an, um den Boden zu schonen.
- Wenn gepflügt werden muss, dann mit solchen Werkzeugen, die den Boden nicht „umdrehen", also das untere soll nicht nach oben gekehrt werden.
- Unterstütze das Ansiedeln von Lebensformen, die verdichteten Boden wieder belüften, zum Beispiel Würmer.

Unser erstes Ziel ist es, einen dauerhaften, nährstoffreichen Mutterboden zu erhalten. Als Mutterboden bezeichnen wir die obere Lage der Erde. Die „lebendige" Schicht, also der Mutterboden, reicht meistens nicht tiefer als 2 m. Darunter befinden sich Kies, Sand und Fels. Der Mutterboden unterscheidet sich von ihnen dadurch, dass in ihm reichhaltiges Leben stattfindet, und zwar in Form von Würmern und Bakterien, durch die der Mutterboden einen hohen Humusgehalt bekommt. Als Humus wird verrottetes, organisches Material bezeichnet, das viele Nährstoffe enthält.

Ein gesunder Mutterboden ist gut durchlüftet und die einzelnen Schichten von Unter- und Mutterboden sollten fließend ineinander übergehen. Dadurch sickert Regenwasser in die unteren Schichten und wird in den trockenen Monaten vom Grundwasser aus wieder nach oben gezogen.

Ein gesunder Mutterboden hat außerdem genügend Humus und weist keine giftigen Rückstände auf. Diese Böden bieten eine Lebensgrundlage für eine riesige Spannbreite an Flora und Fauna und damit das Ziel der Bodenoptimierung.

Auch Bäume haben eine wichtige Aufgabe bei der Produktion von gutem Boden. Sie lockern durch ihre Wurzeln den Boden auf und sorgen somit dafür, dass der Mutterboden gut belüftet und locker bleibt, so kann er gut Wasser speichern. Auch geben die Bäume ihre Nährstoffe an den Boden wieder ab, indem sie das Laub abwerfen, welches zu Mulch wird und damit den Boden nährt.

Ist dein Boden zu verdichtet, kannst du ihn leicht anheben, aber nicht wenden und drehen, um ihn zu belüften und zu lockern. Dadurch dringt wieder Regen ein und der Boden saugt sich voll. Dadurch steigt die Bodentemperatur, die Wurzeln wachsen und sterben natürlich auch, wodurch wieder Humus entsteht. Luft, Regen und Wurzeln lösen Nährstoffe im Boden und er beginnt wieder zu leben. Ist der Boden wieder auf dem Weg der Genesung, wird es Zeit ihn wieder zu bepflanzen. Du hast vielleicht das Gefühl, dass du Zeit damit verloren hast, den Boden neu aufzubereiten, aber tatsächlich danken es die Pflanzen dir, wachsen schneller und machen die Zeit wieder gut.

Die Wiederherstellung von einem brachen Boden schafft also

- Die Erde lebt wieder: Würmer liefern Dünger und ziehen durch Luft Stickstoff in den Boden.
- Der Boden ist porös und nimmt dadurch Wasser, Humus und andere Nährstoffe leicht auf.
- Die belüftete Erde bleibt im Winter wärmer und im Sommer kühler.
- Tote Wurzeln dienen als Nahrung für Pflanzen und Tiere, die wieder Tunnel im Boden erzeugen und durch ihren Zerfallskreislauf Stickstoff freisetzen.

Wenn du mit guten Mulchtechniken arbeitest und wenn du die Wurzeln früherer Pflanzen in der Erde lässt – diese enthalten nämlich noch Nährstoffe und werden so dem Boden zugeführt –, schaffst du zwar keine natürlichen Bedingungen wie in einem Wald, aber bekommst einen gesunden Boden, der sich gut zum Anbauen von Pflanzen eignet und dem nährstoffreichen Waldboden schon sehr ähnlich ist.

Wenn dem Boden noch Spurenelemente fehlen, kannst du ihm diese auf natürliche Weise zusetzen, zum Beispiel durch gemahlenes Gestein oder Seetang. So wird erreicht, dass wertvolle Nährstoffe langfristig und allmählich den Boden anreichern und gleichzeitig wird die Bodenstruktur verbessert – du musst einfach nur alles auf der Bodenoberfläche verteilen, den Rest übernehmen die Regenwürmer. Ob das nötig ist erfährst du, wenn du den Boden für eine Bodenanalyse in ein Labor schicken lässt. So zeigt sich ganz genau, wie viele Nährstoffe in deinem Boden enthalten sind. Das klingt vielleicht etwas aufwendig, lohnt sich aber im Nachhinein.

Mulch

Mulch und andere natürliche Abfälle haben interessante Auswirkungen auf den Boden. Die meisten Schichten von Laub und Mulch absorbieren Wärme und Wasser sehr gut, geben aber nur wenig davon an den Boden ab. Daher friert Mulch schnell, aber nicht der Boden darunter.

Beim sogenannten Mulchen wird der Boden mit unterschiedlichen organischen oder verrotteten Materialien abgedeckt. Dazu gehören beispielsweise Holz, Stroh und Rasenschnitt.

Mulch wird vor allem für das Absorbieren von Wasser verwendet, denn er verlängert die Zeit, in der das Wasser für die Pflanzen verfügbar ist und erhöht die Bodenfeuchtigkeit in geschützten Gebieten, wie einem Wald.

Es hat sich gezeigt, dass Mulch nur zwei Minuten braucht, um sich mit Wasser vollzusaugen und das Wasser dann bis zu 16 Tage lang abgibt. Du kannst also schon sehen, dass Mulch eine Menge Arbeit und Wasser spart und du kommst mit Material aus, das normalerweise auf dem Müll gelandet wäre. Außerdem brauchst du kein Werkzeug und kommst gegen jede Pflanze an, die du vielleicht nicht haben willst: wie zum Beispiel Efeu, Löwenzahn oder Brombeeren.

Je nachdem mit welchem Material du mulchst, wirst du unterschiedliche Auswirkungen erleben und jedes Material hat dabei seinen eigenen Zweck.

Rindenmulch

Rindenmulch ist auf Wegen und unter Büschen und Bäumen hübsch anzusehen. Es eignet sich zum Mulchen von Farnen, Schattengräsern, Halbschatten- sowie Schattenstauden. Es besteht aus einem Gemisch aus Rinden von verschiedenen Laub- und Nadelbäumen. Hochwertiges Rindenmulch kannst du an dem typischen, harzigen Geruch erkennen. Riecht es allerdings säuerlich oder schwefelig, ist er schon am Faulen. Dadurch können deine Pflanzen absterben, lass also lieber die Finger davon! Statt Rindenmulch kannst du auch Rindenkompost kaufen, also kompostierte Rinde. Die meisten Pflanzen vertragen Kompost etwas besser als Rindenmulch, weil er weniger Stickstoff bindet.

Holzhäcksel

Hast du deine Bäume im Garten beschnitten, fällt dabei eine Menge Schnittgut an. Du kannst es mit einem Häcksler verkleinern und dann als Mulchmaterial verwenden. Da das Holz sehr stickstoffarm ist, kann das gehäckselte Holz durch die Nutzung als Mulch dem Boden Stickstoff entziehen. Wenn du das Beet so mulchst, solltest du es vorher vorsichtshalber mit Hornspänen düngen, diese bestehen aus den Hörnern von Rindern und sind damit natürlich organisch.

Miscanthushäcksel

Miscanthushäcksel besteht in erster Linie aus zerkleinertem Chinaschilf und kann sowohl als Wegbelag wie auch zum Mulchen von Pflanzen verwendet werden. Keine Unkräuter und Schnecken mögen dieses Material und du kannst es bis zu 5 cm dick auf deinem Beet auftragen, es hält also alles ab. Der Nachteil ist allerdings, dass es ziemlich selten erhältlich ist.

Stroh

Stroh kannst du gut für Erdbeeren, Zuckermais, Tomaten oder Zucchini verwenden. Es fixiert den Stickstoff im Boden und belüftet ihn. Erdbeeren, die auf Strohmulch wachsen, sind weniger anfällig für Grauschimmel oder Schneckenfraß und der Boden friert nicht so schnell, da Stroh eine isolierende Wirkung hat.

Pinienrinde

Die Rinde der Pinie ist mit ihrer roten Rinde sehr dekorativ. Außerdem zersetzt sie langsam und hat nicht einen solch säuerlichen Geruch wie Rindenmulch. Es liefert dazu auch sehr viele Nährstoffe, verbessert die Bodenstruktur und auch das Keinem von Unkrautsamen wird gehemmt. Du kannst Pinienrinde sogar für Pflanzen in Kübeln verwenden.

Rasenschnitt

Du kannst Rasenschnitt bei allen Pflanzen als Mulch benutzen, es reichert den Boden mit Kalium und Stickstoff an. Am besten lässt du den Rasenschnitt leicht antrocknen. Bringe ihn nur als dünne Schicht auf das Beet, sonst könnte der Rasenschnitt faulen. Du kannst ihn auch mit Holzhäcksel mischen, damit alles besser durchlüftet wird.

Gründüngungspflanzen

Buchweizen, Sommerwicke oder Platterbse sind sogenannte Gründüngungspflanzen, die reich an Nährstoffen sind und sich gut für verschiedene Gemüsearten eignen, sowohl als Bepflanzung als auch als Mulch nach der Ernte. Idealerweise lässt du den frischen Pflanzenschnitt erst einige Stunden auf dem Feld trocknen und verteilst sie erst dann. So verhinderst du, dass sie faulen.

Gründüngung

Gründüngung ist das Anpflanzen von Pflanzen, die den Boden gut durchwurzeln und begrünen. Das Wort „Gründüngung" kann dich in die Irre führen, denn das Düngen, also den Boden mit Nährstoffen anreichern, ist nur ein Nebeneffekt. Denn nur Schmetterlingsblütler, wie zum Beispiel Klee, können den Stickstoff, der in der Luft enthalten ist, mithilfe von Knöllchenbakterien zu Nitrat umwandeln. Nur so können die Pflanzen den Nährstoff aufnehmen und verwerten. Der wichtigste Aspekt der Gründüngungspflanzen ist das Auflockern des Bodens durch ihre tiefen Wurzelsysteme, das selbst sehr verdichtete, schwere Böden aufbrechen kann und damit das Umgraben im Herbst überflüssig macht. Und die Überreste der Pflanzen können, wie du schon weißt, als Mulch verwendet werden.

Zur Gründüngung werden vor allem sogenannte Kreuzblütler verwendet, das sind zum Beispiel Winterraps, Ölrettich oder Gelbsenf. Aber auch Klee oder Leguminosen, wie Lupinen, werden gern verwendet.

Aussäen kannst du die Gründüngungspflanzen, je nach Art, von März bis Oktober. Wenn die Pflanzen dann später kurz vor der Samenreife stehen, kannst du sie abmähen und als Mulch verwenden.

Die Vorteile der Gründüngung bestehen natürlich darin, dass sie dir das Umgraben abnimmt und sogar schwierige Verdichtungen durchbricht. Außerdem befestigt die gepflanzte Pflanzendecke den Boden und wirkt damit einer Verschlämmung entdecken. Von einer Verschlämmung spricht man, wenn durch das Aufprallen der Regentropfen, Bodenteilchen an die Erdoberfläche gelangen, die dort nicht hingehören. Das wird durch das Bepflanzen verhindert.

Wenn du kahle Flächen mit diesen Pflanzen begrünst, kannst du so auch das Wachstum von Unkraut unterdrücken. Auch die Möglichkeit, die Pflanzen noch als nährstoffreichen Mulch verwenden zu können, ist natürlich ein Vorteil und im Sinne der Permakultur.

Durch die tiefen Wurzelsysteme entsteht eine bessere Durchlüftung und dadurch ein ausgeglichenes Bodenklima, wodurch das Bodenleben aktiviert wird. Dadurch steigt der Humusgehalt im Boden und deine Beete bekommen einen guten Mutterboden. Durch das Auflockern kann der Boden natürlich auch mehr Wasser speichern und einige der Gründüngungspflanzen können sogar Schädlinge bekämpfen, so helfen zum Beispiel Tagetes gegen Fadenwürmer.

Auch für die Artenvielfalt tun Gründüngungspflanzen viel Gutes, denn blühende Gründüngungspflanzen locken zum Beispiel Bienen an, die sich dann auch um das Bestäuben deiner anderen blühenden Pflanzen kümmern.

Es gibt ganz viele verschiedene Pflanzen, die sich als Gründüngung eignen. Zum Beispiel die Tagetes, deren Wurzeln bis zu 50 cm tief reichen und guten Humus bilden. Der Rotklee dagegen ist gut für die Bildung von Stickstoff geeignet und lockert verdichtete Bodenschichten. Und die Wilde Malve wurzelt sogar bis 200 cm tief und beseitigt dadurch auch tiefe Bodenverdichtungen

Die verschiedenen Gründüngungspflanzen haben verschiedene Eigenschaften. Ist dein Boden sehr verdichtet, greife zu Pflanzen, die tief wurzeln. Hast du Probleme mit Schädlingen, wähle Pflanzen, die dagegen ankommen, – die Gründüngung ist sehr vielfältig.

Du musst sie aber ein bisschen vorbereiten. Die Fläche bereitest du vor, wie für das Aussäen von Rasen, du musst den Boden aber nicht einebnen, also begradigen. Zuerst entfernst du grobes Unkraut mit einer Harke und arbeitest dann den Boden noch einmal mit einem Kultivator durch, um den Boden zu lockern. Die restlichen Erdklumpen zerkleinerst du noch mit einer Harke und säst danach das Saatgut mit der Hand aus. Nach dem Aussäen solltest du die Samen noch mit einer Harke etwas in den Boden einarbeiten. Ist der Boden sehr trocken, befeuchte ihn noch. Hast du Schmetterlingsblütler ausgesät, ist es ratsam, gleich etwas Algenkalk zu verteilen, um die Aktivität der Knöllchenbakterien anzuregen.

Wenn du die Gründüngungspflanzen als Mulch nutzen willst, mähst du sie vor der Samenreife ab und lässt sie einfach auf dem Feld liegen. Kurz vor der Samenreife heißt, dass du, je nach Pflanzenart, die Pflanzen 5–10 Wochen stehen lassen musst. Pflanzen, die überwintern können, brauchen länger, bis sie abgemäht werden können. Diese Zeiten solltest du auch einhalten, denn wenn die Pflanzen früher abgemäht werden, erhältst du nicht den optimalen Effekt des Mulchens.

Es gibt auch sogenannte Kurzeinsaaten, wie Kresse, du die mit einem Kultivator direkt in den Boden arbeitest, wenn sie ungefähr 5 cm hoch ist. Nicht winterharte Pflanzen lässt du über den Winter stehen, sie frieren vor der Samenreife ab. Im Frühjahr mähst du sie dann ab und arbeitest sie dann in den Boden ein, auch winterharte Pflanzen lässt du bis zum Frühjahr stehen und mähst sie erst dann ab. Hast du die Pflanzenreste dann in den Boden eingearbeitet, kannst du das Beet 3–4 Wochen später neu bepflanzen.

Kompost

Kompost wird „das schwarze Gold des Gärtners" genannt, denn seine Inhaltsstoffe sind sehr wertvoll. Wenn du den sehr humusreichen Kompost in den Boden einarbeitest, verbesserst du diesen nachhaltig.

Denn der Boden wird lockerer und kann dadurch Nährstoffe und Wasser besser speichern, die dann den Pflanzen wieder zugutekommen. Da der Kompost viele Nährstoffe enthält, kannst du dir anderen Dünger getrost sparen.

Am besten besteht dein Kompostplatz aus zwei Behältern. In dem ersten Behälter sammelst du alle Abfälle und setzt im zweiten Behälter dann den Kompost an. Mische dafür grobe Abfälle (wie Strauchschnitte), mit feinen Abfällen (wie Rasenschnitt), mit feuchten und trockenen Abfällen (zum Beispiel verdorbene Äpfel und Herbstlaub) und dazu noch nährstoffreiche und nährstoffarme Abfälle (also zum Beispiel Gemüsereste und Holzhäcksel). Verdichte die Abfälle aber nicht, denn wenn zu wenig Sauerstoff an den Kompost kommt, fault er.

Nach drei Monaten kannst du die Abfälle umsetzen. Entweder schichtest du sie im selben Behälter um, oder füllst sie in den zweiten Behälter. Das Umschichten hilft bei der Durchlüftung des Kompostes und führt dazu, dass sein Volumen noch einmal reduziert wird.

Der umgesetzte Kompost braucht dann noch ungefähr 7 Monate, um sein Reifestadium zu erreichen. Es sind jetzt eigentlich alle Abfälle zersetzt und der Kompost ist zu dunklem Humus geworden.

Einen Behälter für deinen Kompost, also den Komposter, kannst du ganz leicht selbst bauen. Eigentlich hast du hier viele Freiheiten, wichtig ist nur, dass er luftdurchlässig ist und Erdkontakt hat. Nur durch diesen Kontakt können die Lebewesen, die den Kompost in Humus verwandeln, in den Behälter hinein und herausklettern. Gut geeignet für den Komposter ist Lärchenholz, das verrottet nicht so schnell wie zum Beispiel Fichtenholz. Als erstes rammst du vier 150 cm lange Holzpfähle in Abstand von ungefähr 90 cm in den Boden, sodass sie ein Quadrat bilden. Für einen sicheren Halt solltest du die Pfähle 40–50 cm tief in den Boden rammen. Verschraube dann an den Seitenwänden und der Rückwand jeweils Bretter. Zwischen den Brettern sollte ein Abstand von 3 cm sein, damit der Kompost ausreichend belüftet wird. Die Vorderwand versiehst du mit herausnehmbaren Brettern. Nimm dafür Maß an den Innenseiten der Seitenwände und schneide weitere Bretter dafür zurecht. Damit auch vorne genug Luft an den Kompost kommt, schraubst du Abstandshalter unten an die Bretter. Damit die Bretter halten, bohrst du noch jeweils eine Holzlatte parallel zu den vorderen Pfählen an die Innenseite der Seitenwände, damit eine Führungsschiene für die vorderen Bretter entsteht – und fertig ist der Komposter.

Fast alle pflanzlichen und tierischen Rohstoffe kannst du kompostieren. Tabu ist aber Kot von Fleischfressern und Stoffe, die Rückstände haben können wie zum Beispiel Holzasche, die Schwermetalle enthalten kann.

Problemlos kompostieren kannst du aber sonst sehr viel: Gartenabfälle, verwelkte Topfpflanzen, Kleintierstreu, Kaffeesatz, Eierschalen und Teebeutel sind nur eine kleine Auswahl. Wegen der Gefahr des Faulens darfst du verdorbenes Obst und auch Rasenschnitt aber nur dünn im Komposter schichten. Wenn du die Schalen von Südfrüchten auf den Kompost legst, solltest du die Dosis sehr gering halten, denn die Früchte werden mit Pilzhemmern behandelt, weshalb die Schalen sehr langsam zersetzen. Auch bei Gartenabfällen musst du ein bisschen was beachten: Unkraut zum Beispiel sollte nur auf den Kompost, wenn es noch keine Samen gebildet hat, damit es nicht anfängt dort zu sprießen.

Nicht auf den Kompost gehören Fleisch, Knochen, Fischgräten, Käse, Öle und Fette und Backwaren. Auch Abfälle wie Zigarettenstummel, Papiertaschentücher, Staubsaugerbeutel, Metall, Stein, Kunststoff und Leder solltest du anders entsorgen. Auch Pflanzen, die mit Krankheiten wie Kohlhernie oder Feuerbrand befallen sind, sollten nicht auf deinem Kompost landen.

Aber nicht alle Pflanzenkrankheiten machen das Kompostieren unmöglich. Faules Obst zum Beispiel kannst du ohne Bedenken kompostieren. Auch Zucchini mit Blattpilzen oder mit Schorf infiziertem Obst kannst du gut kompostieren. Denn diese Erreger brauchen lebendiges Material zum Überleben und verrotten auf dem Kompost gemeinsam mit ihren ehemaligen Wirten. Pilze, Bakterien und Viren, die im Boden überleben können, sollten also nicht auf dem Kompost gelangen, da diese dort weiterleben. Hast du also Wurzelgemüse mit Möhren- oder Rettichschwärze, werfe diese lieber in den Müll.

Der Kompost ist lebendig, wodurch er auch deinen Boden wieder beleben kann. Im Kern des Kompostes leben Bakterien und Pilze, die hitzeresistent sind und somit der großen Hitzeentwicklung im Kern des Kompostes standhalten können. In der äußeren Hülle des Komposthaufens leben zum Beispiel Laufkäfer, Hundertfüßer und Raubmilben.

Wenn dein Kompost sich gut zersetzen soll, müssen auch die Umweltbedingungen stimmen. All die Lebewesen und Mikroorganismen, die bei der Verrottung teilhaben, brauchen eine gleichmäßig feuchte Umgebung. Stell den Behälter am besten unter einen schattigen Baum, damit die Sonne ihn nicht austrocknet und der Regen nicht ertränkt.

Fertig ist der Kompost nach 10 Monaten. Du kannst den Kompost aber auch bis zu 3 Jahre ziehen lassen, allerdings ist der Kompost nährstoffreicher, je frischer er ist.

In deiner Permakultur bringst du jedes Jahr im Frühjahr für verschiedene Pflanzen verschiedene Mengen an Kompost aus: Tomaten und

Kohl zum Beispiel brauchen viele Nährstoffe, trage hier 4 bis 6 Liter Kompost pro Quadratmeter auf. Möhren und Zwiebeln brauchen nur 2 bis 3 Liter und Bohnen und Radieschen sogar nur 1 bis 2 Liter. Trage den Kompost auf die Erde und lasse das Beet 10 Tage ruhen. Anschließend setzt du die Pflanzen ein.

Legst du deine Permakultur gerade neu an, dann bringe 15 bis 20 Liter Kompost pro Quadratmeter auf die Erde. Benutze dafür am besten besonders frischen, nährstoffreichen Kompost, damit der Boden optimal für die neuen Beete vorbereitet wird.

Pferdemist

Schon seit Jahrzehnten wird Pferdemist im Garten verwendet. Pferdemist ist zusammengesetzt aus Pferdeäpfeln, Urin und Einstreu und gilt als wertvoller Dünger, weil er neben den Hauptnährstoffen, auch viel Magnesium und Spurenelementen mitbringt. Die Pflanzen werden von Pferdemist wunderbar gedüngt, den Boden verbessert er allerdings eher mäßig und bildet nicht viel Humus.

Der Pferdemist kann ganz unterschiedlich zusammengesetzt sein. Wenn du den Mist direkt vom Tierhalter beziehst, kann mal mehr, mal weniger Einstreu eingemischt sein. Und je mehr Streu in dem Mist enthalten ist, desto mehr düngt der Mist den Boden und nicht direkt die Pflanzen. Denn so werden weniger Nährstoffe freigesetzt, aber es wird mehr Humus gebildet, wodurch das Bodenleben gefördert wird. Auch wenn der Mist an der Luft gelagert wird, verändern sich seine Eigenschaften. Die Zersetzung beginnt, wodurch Stickstoff und frische, organische Substanzen schwinden – dadurch wird die pflanzendüngende Wirkung verstärkt.

Es liegt an dem Zustand des Pferdemists, welche Pflanzen du mit ihm düngen kannst. Kurz gelagerter Pferdemist ist sehr nährstoffreich und dadurch nicht für Kräuter und Jungpflanzen geeignet. Dieser sehr nährstoffreiche Pferdemist kann deine Pflanzen überdüngen und damit schaden. Wenn du den Pferdemist aber über ein Jahr kompostierst, kannst du ihn für jede Pflanze verwenden.

Geeignet für das Düngen mit frischem Pferdemist sind Sommerblumen, Gemüsepflanzen, die viele Nährstoffe brauchen, Rosen, Hecken und Saisonpflanzen. Nicht geeignet sind Obstbäume und -sträucher, andere Sträucher und Stauden, Jungpflanzen, Kräuter und Gemüsepflanzen, die wenig Nährstoffe brauchen.

Am einfachsten bekommst du Pferdemist direkt beim Pferdebesitzer. Die freuen sich eigentlich, wenn ihnen diese Last abgenommen wird, denn oft müssen die Besitzer für den Abtransport bezahlen. Wenn du keinen Pferdehof in der Nähe hast, kannst du ihn auch in verarbeiteter Form von Düngemittelherstellern kaufen. Die pressen den Mist in trockene Pellets, die du in vielen Gartencentern kaufen kannst.

Wenn du frischen Pferdemist benutzt, reicht ein Kilogramm pro Quadratmeter. Du düngst die Pflanzen so ziemlich stark, deswegen reicht eine Düngung pro Jahr. Diese Düngung machst du am besten am Ende des Winters. Der eine Grund dafür ist, dass Pferdemist sehr viel Stickstoff liefert, der, wenn du den Mist schon im Herbst austrägst, die Pflanzen weniger frosthart machen würde. Außerdem können im Herbst und Winter viele Mengen an Stickstoff ausgewaschen werden, was dem Pferdemist dann die optimale Wirkung nehmen würde.

Hast du leichten, sandigen Boden, musst du den Pferdemist tief einarbeiten. Hast du einen schweren Boden, arbeitest du den Mist nur flach ein. So sorgst du dafür, dass die Nährstoffe nicht zu langsam, aber auch nicht zu schnell freigesetzt werden.

Kompostierter Pferdemist muss nicht so bedacht verwendet werden. Er liefert langsam, aber dafür lange, Nährstoffe. Wenn du kompostierten Pferdemist regelmäßig auf deinen Beeten verteilst, kannst du so deinen Boden pflegen.

Humus

In der Regel enthalten die obersten 10 bis 30 cm des Bodens am meisten Humus, denn hier ist der besonders fruchtbare Mutterboden. Er beinhaltet wichtige Nährstoffe für die Pflanzen und ist Lebensraum für viele Lebewesen, die in der Erde leben. Humus bezeichnet alles an zerfallener, abgestorbener Bodensubstanz. Die „Humifizierung" passiert, indem die Abfälle zuerst von Bodenlebewesen zerkleinert und dann von Mikroorganismen in Humus umgewandelt werden.

Ein hoher Humusgehalt im Boden sorgt für einen gesunden Garten, denn der Humusgehalt hat einen großen Einfluss auf die Fruchtbarkeit deines Bodens. Du kannst ganz leicht dafür sorgen, dass mehr Humus in deinem Boden vorkommt. Dafür musst du nur das tun, was jeden Tag auch in der Natur passiert: alle organische Abfälle landen auf dem Boden und werden dort mit der Zeit zu Humus. Am einfachsten ist es also, als erste Konsequenz Laub liegenzulassen.

Humus wirkt auf verschiedene Arten auf den Boden: Der Lufthaushalt wird verbessert und es kann mehr Wasser gespeichert werden. Im Humus befinden sich diverse Nährstoffe, die durch die ständige Mineralisierung auf natürlichem Wege freigesetzt werden. Dadurch können die Pflanzenwurzeln diese wieder aufnehmen.

Wenn du den Boden regelmäßig mulchst, erhöhst du damit den Humusgehalt deines Bodens. Wenn du im Frühjahr Kompost verteilst, wird auch daraus Humus und der Boden wird noch zusätzlich mit wichtigen Nährstoffen versorgt. Auch organische Dünger liefern Nährstoffe und auch Humus, wie zum Beispiel die Hornspäne, die du schon kennst. Diese Art von Dünger werden aber in so geringen Mengen verwendet, dass sie den Humusgehalt nicht großartig verbessern. Ganz anders sieht es mit Mist aus, du kannst neben Pferdemist auch gut Kuhmist verwenden, der ist auch sehr nährstoffreich und wird zu gutem Humus.

Tatsächlich mögen aber nicht alle Pflanzen humusreichen Boden. Zum Beispiel mögen mediterrane Kräuter wie Zistrose, Rosmarin, Lavendel oder auch Salbei eher humusarmen Boden. Diese Pflanzen sind gegen Frostschäden sehr viel stabiler, wenn sie auf wintertrockenen Standorten stehen und nicht auf feuchtem Humus.

Pflanzenjauche selbst herstellen

Pflanzenjauchen düngen effektiv, aber sanft. Sie führen deinem Garten Stickstoff, Eisen, Magnesium, Kieselsäure und weitere sekundäre Pflanzenstoffe zu. Außerdem bekämpft die Jauche auch Schädlinge. Vor allem Brennnesseljauche wirkt gegen Blattläuse. Neben Brennnesseln kannst du auch Beinwell, gesunde Tomatentriebe, Knopfkraut, Spinat, Guter Heinrich, Gänsefuß, Vogelmiere und den kieselsäurehaltigen Ackerschachtelhalm verwenden. Du kannst diese ganzen Kräuter auch vermischen.

Neben der stärkenden Wirkung für die Pflanzen, fördern Jauchen auch die Bildung des Farbstoffes Chlorophyll, der die Blätter grün färbt. Das lockt nützliche Gartenhelfer an, wie zum Beispiel den Regenwurm.

Deswegen kannst du Pflanzenjauche auch gut als Aktivator für deinen Komposthaufen verwenden, indem du viele Regenwürmer zu ihm lockst.

Es gibt nur einige Gemüsesorten, die eine solch stickstoffreiche Düngung nicht mögen, und zwar Erbsen, Zwiebeln, Möhren und Knoblauch.

Für die Herstellung von Jauche brauchst du ungefähr einen Kilo Pflanzenschnitt und 10 Liter Wasser. Außerdem musst du darauf achten, dass die Pflanzen noch keine Samen tragen. Für das Wasser nimmst du am besten abgestandenes Wasser oder Regenwasser. Steht dir nur Leitungswasser zur Verfügung, solltest du dieses einige Tage in die Sonne stellen. Denn so kann das darin enthaltene Chlor in Ruhe entweichen.

Zum Ansetzen deiner Jauche eignet sich am besten ein Fass oder ein Kübel aus Ton, Plastik oder Holz. Gefäße aus Metall sind nicht geeignet, weil sie chemisch mit der Jauche reagieren und damit den Gärungsprozess stören. Befülle den Behälter nur zu Dreiviertel, da die Jauche sehr stark schäumen kann. Das Gemisch muss, je nach Temperatur, 2 bis 3 Wochen stehen. Wenn es wärmer ist, dauert der Prozess eher 2 Wochen. Rühre die Mischung täglich um, damit Sauerstoff in den Ansatz der Jauche gelangt und die Umsetzung des Pflanzenmaterials gefördert wird. Wenn deine Mischung nicht mehr schäumt, ist die Gärung beendet.

Aus der fertigen Jauche siebst du die festen Bestandteile heraus. Bevor du sie dann verwenden kannst, musst du sie noch im Verhältnis von 1 zu 10 verdünnen. Bei empfindlichen Pflanzen sollte der Wasseranteil noch höher sein. Du kannst die fertige Jauche einige Monate benutzen, wenn du sie in einem fest verschlossenen Gefäß lagerst.

Brennnesseljauche

Am bekanntesten ist die Brennnesseljauche, die Schädlinge abwehren kann und die Pflanzen mit wichtigen Nährstoffen versorgt – unter anderem auch mit Kieselsäure, die zum Beispiel den Geschmack von deinen Tomaten verbessern kann!

- Zerschneide 1 kg frische Brennnesseln, wenn du getrocknete hast, reichen auch 200 g.
- Packe das zerschnittene Grün in ein Gefäß und gieße 10 Liter Wasser dazu. Rühre kräftig um, alle Pflanzenteile müssen mit Wasser bedeckt sein.
- Gib dann Gesteinmehl zu deiner Mischung. Denn dieses bindet alle streng riechenden Inhaltstoffe der Mischung. Hast du kein Gesteinmehl zur Hand, gehen auch eine Handvoll Kompost oder etwas Lehmerde.
- Decke das Gefäß dann luftdurchlässig ab und lasse das Ganze dann zehn bis vierzehn Tage ziehen.
- Rühre die Jauche jeden Tag mehrfach um und warte dann solange, bis du keine Blasen mehr erkennen kannst.
- Die groben Stücke, die du anschließend heraus siebst, kannst du kompostieren oder auch als Mulch verwenden.

Ackerschachtelhalmsud

Ein Sud aus Ackerschachtelhalm ist ein sehr zuverlässiges Mittel gegen Blattläuse und ersetzt chemische Spritzmittel. Ackerschachtelhalm wächst in vielen Gärten und auch in der Natur. Du kannst ihn aber auch getrocknet im Handel erhalten.

Der Sud und die Jauche unterscheiden sich vor allem im Zeitfaktor. Da ein Sud mit kochendem Wasser produziert wird, ist er schon nach 24 Stunden verwendbar, die Jauche hingegen braucht bis zu drei Wochen. Die Jauche ist außerdem effektiver und auch schärfer, weshalb sie sehr viel stärker mit Wasser verdünnt werden muss. Ein Sud kann dir aber auch schon große Abhilfe verschaffen.

- Gib 1 kg frischen Schachtelhalm oder 150 g getrockneten in 10 Liter Wasser.
- Lasse das Gemisch 24 Stunden ziehen und koche es dann noch 30 Minuten.
- Siebe den Sud dann durch und lasse ihn abkühlen.
- Mische ihn dann im Verhältnis 1 zu 5 mit Wasser und bespritze die befallenen Pflanzen.

Terra preta

Terra Preta bedeutet auf Portugiesisch „Schwarze Erde" und ist die Bezeichnung für einen tiefschwarzen, fruchtbaren Boden aus dem Amazonas. In den 1960ern entdeckten die Forscher ihn und standen dadurch vor einem Rätsel. Denn eigentlich ist der Boden im Regenwaldgebiet des Amazonas nährstoffarm und karg. Und tatsächlich ist Terra Preta kein Phänomen der Natur, sondern entstand durch jahrelange Bewirtschaftung der Indios. Die Indios hatten ihren Boden mit Kompost, Kohle und Fäkalien gedüngt, um ihn fruchtbarer zu machen. Diesen Boden hatten die Forscher nach Jahrhunderten gefunden. Forschungen konnten herausfinden, welche Bestandteile sich in der Terra Preta befinden.

Hierzulande hat diese alte Technik einen Boom erlebt. Seit einigen Jahren werden von verschiedenen Herstellern „Terra Preta"-Substrate angeboten. Ganz nach dem Vorbild der Erde aus dem Regenwald sollen diese Substrate den Boden fruchtbarer machen und die Humusbildung erhöhen. Die Kohle in der Erde hat eine poröse Struktur und damit eine größere Oberfläche, auf der sich Mikroorganismen ansiedeln können. Diese Kohle ist das besondere an der Terra Preta. Viele Pflanzen wachsen auf einem kohlehaltigen Boden besser. Pflanzenkohle ist eine gute Art, den Boden zu verbessern und eignet sich besonders für sandige, humusarme Böden. Denn die Kohle übernimmt viele Funktionen von Humus, vor allem die Speicherung von Wasser.

Wenn du Kohle in deinem Garten einsetzen willst, kannst du sie auch separat kaufen und deinem Kompost untermischen. Achte dabei aber auf jeden Fall auf Qualität. Grillkohle eignet sich zum Beispiel nicht für dein Gemüsebeet. Am besten nutzt du stattdessen Pflanzenkohle. Die entsteht, wenn Holz- und Pflanzenreste unter starker Einschränkung von Sauerstoff verkohlen, Holzkohle ist ein typisches Beispiel. Die kannst du in Gartencentern bekommen.

Es ist wichtig, dass die Wurzeln deiner Pflanze nicht direkt mit der Terra Preta in Berührung kommen. Grabe für die Pflanze ein Loch, fülle etwas der Terra Preta hinein und dann noch ein bisschen normale Erde. Erst dann pflanzt du die Pflanze.

Du kannst dir die Terra Preta auch zu Hause selbst machen, dafür brauchst du:

- sechs Liter Pflanzenjauche, Gülle, Urin oder Mist
- 20 Liter Pflanzenkohle
- zwei Kilogramm Urgesteinmehl und
- ein Liter EM-Lösung (aktivierte, effektive Mikroorganismen-Lösung)

Die EM-Lösung ist eine Flüssigkeit aus effektiven Mikroorganismen. Sie wird vielfältig eingesetzt, unter anderem zur Verbesserung der Kompostierung. Sie enthält verschiedene Bakterien, Hefepilze und Schimmelpilze. Die effektiven Mikroorganismen kannst du in Online-Gartenshops kaufen. Sobald die Mischung fertig ist, lässt du sie nun erst noch einige Stunden ziehen. Denn so kann sie in Ruhe den Stickstoff aufnehmen.

Die Pflanzenkohle entsteht durch das Verkohlen von pflanzlichen Materialien. Die Kohle muss erst mit Nährstoffen aufgeladen werden, bevor sie in die Erde kommt, denn sonst kann sie ihm Nährstoffe entziehen. Die Gülle, der Mist oder auch die Jauche laden die Kohle genug auf. Sowohl die EM-Lösung wie auch das Urgesteinsmehl helfen dabei, dass die Pflanzen die in der Mischung enthaltenen Nährstoffe besser aufnehmen können.

Feuchtgebiete

In diesem Kapitel bekommst du Tipps für Gewässer. Wenn du dir einen kleinen Teich wünschst, erfährst du hier alles wichtige darüber. Ein Teich kann für die Permakultur sehr nützlich sein, natürlich für die Wasserversorgung von Pflanzen und Tieren, aber auch für die Produktion von Dünger und um die Artenvielfalt weiter zu fördern, weil ein ganz neues Biotop entsteht. Wie du einen Teich anlegen kannst und auf was du dabei achten musst, erfährst du hier. Du wirst sehen – es ist gar nicht schwer!

Aber auch das Feuchtgebiet Moorbeet ist ein typisches und sehr praktisches Element, das du in einer Permakultur anlegen kannst. Das Moorbeet kann dir viele, schmackhafte Beeren bescheren und trägt natürlich auch zur Artenvielfalt bei. Die Vorteile eines Moorbeetes und was das überhaupt ist, wirst du in diesem Kapitel erfahren.

Wasser ist der Inbegriff des Lebens. Durch die Bewirtschaftung werden immer mehr Feuchtgebiete trockengelegt, wodurch wichtige Lebensräume für Pflanzen und Tiere zerstört werden und das Ökosystem ins Schlingern gerät. In deiner Permakultur kannst du diese Systeme fördern und damit unzähligen Nützlingen einen Lebensraum bieten.

Tatsächlich speichert Wasser aber auch Wärme und reflektiert die Sonnenstrahlen. So kannst du auch die Durchschnittstemperatur der Umgebung erhöhen. Wenn du einen Teich zum Beispiel direkt am Haus planst, ist er nicht nur eine optische Bereicherung, sondern reflektiert auch die Sonnenstrahlen der tief stehenden Sonne im Winter und schenkt somit Licht und Wärme.

Der Teich

Teiche ermöglichen den Anbau von Wasserpflanzen und locken Tiere an, die dir bei der Schädlingsbekämpfung helfen. Du kannst das Wasser aus dem Teich auch noch für den Garten als Bewässerung nutzen oder für die Herstellung von zum Beispiel Jauche.

Am natürlichsten sieht ein Teich an der tiefsten Stelle deines Gartens aus. Wasserpflanzen brauchen viel Sonne, mittags sollte dein Teich aber im Schatten liegen. Pflanzen und Bäume, die flach wurzeln und Ausläufer austreiben, sollten sich nicht in der Nähe des Teichs befinden. Hast du Laubbäume in der Nähe, musst du deinen Teich im Herbst mit einem Netz abdecken, damit er vor Laub geschützt ist.

Am besten baust du deinen Teich in deiner Permakultur so naturnah wie möglich. Suche also einen passenden Standort mit mäßig viel Sonne (fünf Stunden am Tag reichen) und setze diverse Pflanzen ein. Außerdem gilt auf jeden Fall: je größer, desto besser. Denn je mehr Wasser vorhanden ist, desto schneller entsteht ein ökologisches Gleichgewicht. Und wenn du nicht unbedingt Fische hinein setzen willst, brauchst du auch keine Filterpumpe. Solange das Wasser ohne Pumpe klar bleibt, ist alles gut.

Ein klassischer Teich besteht aus verschiedenen Zonen, in denen das Wasser unterschiedlich tief ist und die stufenartig ineinander übergehen. Das Ufer geht über in die 10–20 cm tiefe Sumpfzone, dann kommt die 40–50 cm tiefe Flachwasserzone und in der Mitte ist die 80–150 cm tiefe Tiefwasserzone.

Achtung! Wenn der Untergrund deines Teichs steinig ist, mach die Mulden überall rund 10 cm tiefer und fülle diese Zentimeter mit Bausand auf – so beugst du vor, dass die Teichfolie beschädigt wird!

Einen Gartenteich kannst du dir gut selbst anlegen:

- Stecke als erstes deinen gewünschten Grundriss im Garten ab. Ein natürlicher Teich ist nicht kreisrund und kein Viereck. Lass deiner Fantasie freien Lauf!
- Hebe dann die Teichmulde aus. Arbeite dich dabei von Zone zu Zone vor und stecke die am besten auch vorher ab, damit du nicht durcheinander kommst.
- Lege dann das Schutzvlies aus, das die Folie vor Beschädigungen von außen schützt.
- Verlege dann die Teichfolie. Zuerst legst du sie über die ganze Fläche aus und passt sie dann so an, dass sie überall auf dem Boden aufliegt.
- Beschwere dann die Folie mit Steinen und lege sie mit Kies aus, so kannst du die etwas unschöne, dunkle Folie verstecken.
- Jetzt kannst du im Teich und am Ufer Pflanzen platzieren und das Wasser einfüllen!

Noch wird dein Teich etwas traurig aussehen, aber bald werden Wasserbewohner und Libellen angelockt und die Pflanzen wachsen schnell an und werden deinen Garten bereichern.

Das Moorbeet

Ein Moorbeet kannst du gut mit einem Teich verbinden. Im Teich wachsen schnell Seggen, die ihn langsam verlanden, das bedeutet, dass sie die Oberfläche komplett bedecken. Du kannst diese Seggen also getrost entnehmen und schreddern. Sie eignen sich wunderbar als Aufbaumaterial für das Moorbeet.

Am besten bereitest du dein Moorbeet im Spätherbst vor, wenn viel Schnittmaterial aus dem Garten anfällt und du Stammteile hast, um die Beete einzufassen. Achte bei der Planung auch darauf, dass ein Moorbeet nicht allzu viel Sonne verträgt. Wenn es von Osten und Westen Sonne bekommt und zum Süden im Schatten liegt, hast du den idealen Platz gefunden.

- Ein Moorbeet muss etwas ausgehoben werden, stecke den Grundriss also wie bei einem Teich ab und hebe es auf 30–50 cm Tiefe aus.
- Lege die Grube mit einer Folie aus und fasse sie mit Baumstammabschnitten ein.
- Bedecke den Boden mit Holzresten und fülle ihn mit Häckselmaterial auf.
- „Impfe“ dann das Moorbeet mit saurer Walderde, damit Mykorrhiza im Boden vorkommen. Das sind Pilze, die sich um die Wurzeln legen und die Pflanzen so mit Nährstoffen versorgen.
- Lasse den Boden über den Winter reifen und bepflanze das Beet im Frühling.

Sehr gut geeignet für ein Moorbeet sind Heidelbeeren zusammen mit Cranberries, dazu kannst du noch Preiselbeeren setzen. Du kannst das

Moorbeet auch mit Buchen- oder Birkenstämmen umfassen und diese zum Beispiel mit Shii Take-Pilzbrut „impfen".

Dein Moorbeet braucht sehr wenig Pflege. Damit die Nährstoffversorgung der Pflanzen das ganze Jahr über sichergestellt ist, kannst du das Beet im Herbst mit etwas Mist oder Gesteinsmehl düngen. Wenn du im Herbst Häckselmaterial übrig hast, kannst du dein Moorbeet damit abdecken, damit es auf gleicher Höhe bleibt und durch die Zersetzung nicht absackt.

Pflanzen der Permakultur

Da eine Permakultur vielfältig designt wird, erklärt dieses Kapitel dir, was alles möglich ist. Du kannst einen Obstgarten anlegen, ein Gemüsebeet aussäen und dir deine eigenen Kräuter anpflanzen. Es gibt so viele verschiedene Möglichkeiten, dass du dich vor einem großen Haufen an Samen wiederfinden wirst. Daher stellen wir dir in diesem Kapitel einige Pflanzen vor, die sich gut für eine Permakultur eignen und die dir einen großen Mehrwert bieten.

Durch eine Permakultur hast du die wunderbare Möglichkeit, Nahrung in deinem Garten anzubauen und gleichzeitig der Natur etwas Gutes zu tun. Was du in deinem Garten anpflanzt, liegt an deinen individuellen Wünschen. Wichtig ist dabei nur, dass du zeitlich versetzt einpflanzt, um im ganzen Jahr ernten zu können. Vor allem solltest du auf alte Sorten von Obst und Gemüse zurückgreifen und Wildsorten von Kräutern verwenden, um die Artenvielfalt zu erhöhen, denn diese Sorten sind robust und kennen den Standort.

Der Obstgarten

Ein typischer Obstgarten in einer Permakultur wird dicht bepflanzt und stark gemulcht. Es gibt 5 verschiedene Schichten in so einem Nahrungswald.

- Die hohe Baumschicht: diese Schicht besteht aus großen Bäumen im vollen Wachstum, wie Kastanien oder Walnüsse.
- Die niedrige Baumschicht: hier befinden sich kleinwüchsige und schattentolerante Obstbäume wie Kaki, Maulbeeren, Äpfel, Birnen, Pflaumen oder auch untypische Pflanzen wie Kaffee oder Papaya. Du kannst auch Pfirsiche, Nektarinen, Aprikosen oder Kirschen hier anpflanzen. Du kannst auch Bäume in diese Schicht setzen, die keine essbaren Früchte tragen, aber dafür Bestäuber anlocken, wie zum Beispiel der Goldkettenbaum.
- Die Strauchschicht: sie ist sehr abwechslungsreich und beherbergt wilde Tiere, die von den Pflanzen angezogen werden, es wachsen Esswaren und auch blühende Sträucher. Du kannst hier vielfältige Pflanzen setzen, die dich ernähren, die Tiere ernähren, aus denen du Körbe flechten kannst und vieles mehr. Besonders geeignet sind verschiedene Beeren, Holunder, Rosen oder auch Flieder.
- Die Bodenbedeckungsschicht: diese Schicht beherbergt kriechende Pflanzen, wie Erdbeeren, die nicht viel Licht braucht und sich schnell vermehrt.
- Die Vine-Schicht und Wurzelschicht: hier wachsen mehrjährige Reben, wie Trauben, Hopfen oder Kletterpflanzen, die Insekten anziehen. Außerdem gibt es hier noch Wurzelpflanzen, wie zum Beispiel Süßholz, Ingwer oder auch Kurkuma.

Obstgärten sind Bereiche von intensiver Produktion, in denen du Nahrungspflanzen mit Pflanzen kombinierst, die du nicht essen kannst. Für die Planung solltest du beachten, zuerst die Bodenpflanzen zu setzen, um den Stickstoff zu befestigen. Pflanze also zuerst Klee, Brennnesseln, Ackerbohnen oder Buchweizen. Sie stabilisieren den Boden und produzieren Biomasse zum Mulchen. Die kleinen Obstbäume pflanzt du dann, wenn die Bäume der hohen Baumschicht sich gut gefestigt haben.

Gemüse und Kräuter

Am Anfang der Planung stellst du dir sicher die Frage, welche Pflanzen für den mehrjährigen Anbau noch geeignet sind, um möglichst wenig nachpflanzen zu müssen. Neben den schon genannten Sorten für einen schönen und vielfältigen Obstgarten, eignen sich noch andere Pflanzen für den Anfang sehr gut, die du verschieden verwenden kannst und der Natur einen Mehrwert bieten.

Sauerampfer

Der Sauerampfer ist ein Wildkraut mit geringen Ansprüchen. Durch den angenehmen und leicht säuerlichen zitronigen Geschmack eignet es sich unter anderem bestens für Salate und Pesto. Er ist nicht schön, aber nützlich. Denn du kannst ihn nicht nur essen, die Wurzeln sind auch sehr lang und lockern damit den Boden auf.

Minze

Auch die Minze kannst du in der Küche verwerten, außerdem sind viele Sorten winterhart und die Minze nimmt sehr schnell sehr viel Platz in Anspruch, sie ist also ein guter Bodendecker. Außerdem lockt sie viele Bienen an.

Kohlsorten

Kohlsorten sind sehr robust und halten daher mehrjährig. Aus einer Pflanze entstehen in kürzester Zeit viele weitere. Du kannst zum Beispiel den Baumkohl nehmen, er hält mehrjährig und du kannst die Blätter natürlich in der Küche verwenden.

Kartoffeln

Kartoffeln sind sehr robust. Das Überwintern ist ganz einfach: lass einfach einige Knollen über den Winter im Boden. Sie treiben aus, sobald es wieder wärmer wird.

Wilde Rauke

Heute besser bekannt als Rucola, ist die wilde Rauke super zum mehrjährigen Anbau geeignet und dazu noch sehr lecker und gesund. Du kannst den Rucola sogar im Winter ernten, wenn nicht gerade Schnee liegt.

Taglilien

Die Taglilien sind nicht nur wochenlang schön anzusehen, während sie blühen, du kannst sie auch noch essen. Und zwar so ziemlich alles von ihnen: die jungen Blätter, die Knollen und die Blüten.

Haselnuss

Die Haselnuss liefert dir nicht nur Holz, du kannst aus den feinen Ästen auch Körbe flechten. Natürlich kannst du auch die Nüsse essen und die Blätter sind perfekt für Mulch geeignet.

Lavendel

Der echte Lavendel ist winterfest und braucht auch keinen Winterschutz. Er lockt in der Blüte unzählige Bienen und Hummeln an und du kannst ihn für Kuchen und Kekse verwenden.

Wurzelgemüse

Wurzelgemüse ist fast immer winterhart, einige Sorten sind aber etwas frostempfindlich, wie Sellerie, Rote Beete und Möhren. Einen milden Winter können sie überstehen, bei sehr kalten Temperaturen solltest du sie ernten. Schwarzwurzeln oder auch Pastinaken sind aber frostfest und vor allem Pastinaken sollen nach dem ersten Frost sogar noch besser schmecken, weil so ein Teil der Stärke in Zucker umgewandelt wird.

Nicht jeder Winter läuft gleich ab und es kann passieren, dass es kaum friert und dir weniger Pflanzen sterben. In anderen Wintern können fast alle Wurzeln absterben oder Saatgut verschimmelt durch zu viel Feuchtigkeit. Permakultur ist ein wenig wie Roulette, denn ganz wie in der Natur, kannst du nie wissen, wie der Winter wird. Mit robusten Pflanzen und Gemüse kannst du aber erst einmal gut starten und dich dann immer weiter ausprobieren.

5. Schritt für Schritt zur Permakultur

Jetzt geht es ans Eingemachte: In diesem Kapitel erfährst du Schritt für Schritt, wie du deine eigene, erste Permakultur anlegen kannst. Du bekommst Tipps für die Vorbereitung, wie du die Permakultur am besten an deine individuellen Bedürfnisse anpasst und dieses Design dann planst. Welche Pflanzen sind für deinen Standort geeignet? Möchtest du eher Kräuter oder doch Kohl? Wenn du vielleicht schon einen Plan hast, was du anbauen möchtest, bekommst du hier wertvolle Tipps für die Umsetzung. Wenn du noch keine Idee hast, bekommst du Inspiration für Möglichkeiten, die du hast. Im Anschluss erfährst du auch, wie du die Aussaat am besten angehst, was es bedeutet, Jungpflanzen selbst zu ziehen und wie du überhaupt an das richtige Saatgut kommst.

Auch schon bestehende Permakulturen müssen in den ersten Jahren immer wieder neu gestaltet werden. Diese jährliche Neugestaltung fällt zunehmend weg, je länger die Permakultur existiert und sich einspielt. Denn die Permakultur erhält sich von selbst und braucht kaum bis keine Pflege, wenn sie richtig eingewachsen ist.

Für deine Permakultur brauchst du kein riesiges Anwesen: Ein kleiner Garten oder auch nur ein Teil eines Gartens reicht, um dir einen Einstieg zu ermöglichen, naturnah zu gärtnern.

Vor dir liegt nun ein Stück reines Land, das in eine fruchtbare Kultur verwandelt werden möchte. Du bearbeitest den Boden nur zu einem Minimum, denn durch starkes Umgraben werden die Mikroorganismen im Boden dem Wetter ausgesetzt, was ihnen schadet. Dadurch trocknet der Boden aus und kann zudem auch karg werden. Du kannst den Boden mit einem Spaten lockern, was ihm dabei hilft, mehr Wasser aufnehmen zu können, wodurch sich auch Pilze besser ansiedeln können.

Jetzt kannst du mit der genaueren Planung beginnen.

Die Vorbereitungen

Du kannst mit der Permakultur auf mehrere Arten beginnen. Hier kannst du nicht wirklich etwas falsch machen, aber einige Prinzipien solltest du berücksichtigen.

Am Anfang deiner Vorüberlegungen sollte auf jeden Fall die Begutachtung und dann auch die Analyse deines Gartens stehen. Nimm dir Zeit, um die Beschaffenheit deines Gartens zu begutachten und auch zu verstehen. So wirst du schnell sehen, welches Potenzial dein Garten hat und wie du das Beste aus ihm machen kannst. Du kannst das Projekt natürlich im Laufe der Entwicklung immer wieder anpassen.

Was ist schon da?

Betrachte alle Gegebenheiten und versuche am besten, eine ausführliche Bestandsaufnahme zu machen. So bleiben dir böse Überraschungen erspart.

Du kannst mit der Infrastruktur beginnen. Was gibt es für Häuser auf dem Grundstück? Was für Wege oder Straßen gibt es? Musst du vielleicht noch etwas reparieren? So ist das gröbste schon einmal aus dem Weg.

Daran schließt sich der Punkt der Anbindung: Wie ist das Grundstück zugänglich? Wo sind Ein- und Ausfahrten? Und, ganz wichtig: wo liegen Strom-, Wasser- und Gasleitungen? Vielleicht musst du dir hierfür sogar einen Grundriss deines Grundstücks besorgen, aber finde lieber heraus, wo bei dir Leitungen liegen – nicht, dass du einen Teich aushebst und eine Gasleitung triffst.

Wenn du weißt, wie die Leitungen verlaufen, kannst du dich fragen, wie die Situation der Gewässer bei dir ist. Gibt es Flüsse oder Quellen in deiner direkten Umgebung? Die können dir das Bewässern erleichtern. Wie ist der Grundwasserstand und wie die Fließrichtung? Könnten dir Überschwemmungen drohen? Wie ist die Qualität des Grundwassers und hast du natürliche Wasserspeicher im Garten, die du dir zunutze machen kannst?

Dann kannst du betrachten, was dein Garten von sich aus hergibt. Welche Pflanzen wachsen bereits bei dir? Dadurch kannst du die Beschaffenheit des Bodens abschätzen. Was für Pflanzengemeinschaften, also Mischkulturen oder vielleicht auch Symbiosen, haben sich gebildet? Wie sind die Standorteigenschaften? Wachsen vielleicht nur Schattengewächse in deinem Garten, weil er sehr dunkel ist? Oder vielleicht Randzonengewächse, weil dein Garten an einem Wald liegt? Wie agiert dein Garten mit seiner Umwelt? Und wenn du Bäume im Garten hast: wie sind diese angeordnet? Kannst du sie für dich nutzen, zum Beispiel für eine Sonnenfalle, oder behindern sie dein Vorhaben?

Daran schließt auch die Frage an, was für Tiere in deinem Garten und in der Nähe leben. Vielleicht Hasen oder Rehe? Mäuse und Maulwürfe gibt es sicherlich. Was für Vögel kannst du hören und sehen? Nisten und überwintern Igel oder Eichhörnchen bei dir? Versuche zu erfassen, wo jemand schläft oder isst, um diese Bewohner deines Gartens nicht in deiner Planung zu übergehen. Sie gehören dazu, aber sie wollen dir nicht immer nur Gutes. Hast du zum Beispiel Wühlmäuse bei dir entdeckt, musst du versuchen, deine Beete entsprechend zu schützen, zum Beispiel durch ein Gitternetz unter dem Beet, damit die Mäuse nicht an die Wurzeln gelangen.

Anschließend kannst du deine Ressourcen betrachten. Was für natürliche Ressourcen stehen dir zur Verfügung? Liegt bei dir Holz oder hast du Steine im Garten, die du für die Permakultur nutzen kannst? Und was für lokale Unternehmen gibt es bei dir, die dich mit anderen Dingen versorgen können, wie mit Glas, Plastik oder Metall?

Der nächste Punkt ist die Energie. Welche Energien kannst du bei dir nutzen und welche Energien wirken auf deinen Garten? Aus welcher Richtung triff der Wind auf dein Grundstück? Ist dein Garten sonnig oder schattig? Wie warm ist es bei dir, sind die Winter zum Beispiel sehr kalt oder eher mild? Wie wirkt sich die Schwerkraft auf deinen Garten aus? Hast du zum Beispiel Gefälle, durch das du ein fließendes Wasser erzeugen kannst? Wichtig bei Gefälle ist aber auch, dass du betrachtest, welche Seite des Gefälles der Witterung mehr ausgesetzt ist. Wo friert es zuerst? Welche Seite ist dem Wind ausgesetzt?

Zum Schluss solltest du noch deine Finanzen und deine rechtlichen Vorgaben betreffen. Wie viel Geld hast du für dein Projekt zur Verfügung, was ist also realistisch zu schaffen? Und informiere dich bei deiner Kommune, was du darfst. Vor allem, wenn du einen Teich ausheben möchtest oder Tiere halten willst, solltest du deine Rechte prüfen.

Infrastruktur	Häuser auf dem Grundstück? Was für Wege und Straßen? Was muss repariert werden?
Anbindung	Wie ist das Grundstück zugänglich? Ein- und Ausfahrten? Wo sind Strom-, Wasser- und Gasleitungen?
Gewässer	Flüsse oder Quellen in der Umgebung Grundwasserstand? Fließrichtung? Drohen Überschwemmungen? Qualität des Grundwassers? Natürliche Wasserspeicher?
Pflanzen	Was wächst bei dir? Was für Pflanzengemeinschaften oder Symbiosen gibt es? Wie sind die Standorteigenschaften?
Tiere	Was für Tiere leben dir? Wo schlafen sie? Was essen sie?
Ressourcen	Was gibt es bei dir? Was musst du kaufen?
Energie	Windenergie? Sonnenenergie? Schwerkraft? Temperatur?
Finanzen	Wie viel Geld hast du für dein Projekt zur Verfügung?
Rechtliches	Darfst du dir zum Beispiel einen Teich ausheben?

Was willst du anbauen?

Die nächsten Vorüberlegungen sollten deine Pläne betreffen: Was magst du gern essen? Auch nur das solltest du am besten anbauen. Denn wenn du keine Kartoffeln magst, ergibt es wenig Sinn, eine

Kartoffelpyramide mit 50 kg Ertrag anzubauen. Im Sinne der Permakultur ist es aber natürlich auch, für andere mit anzubauen. Frage Freunde, Verwandte und Nachbarn, ob sie etwas von deinen Erträgen haben möchten und was sie sich wünschen – so unterstützt du sie dabei, weniger Produkte aus der Massenproduktion zu kaufen. Denk dabei aber auch daran, dass du die Erträge lagern können musst. Pflanze nur das an, was du gut lagern kannst, damit nichts verschimmelt und weggeschmissen werden musst. Für Kartoffeln bietet sich ein Keller an, Gurken kannst du zum Beispiel gut einlegen. Wenn du Dinge einlegen möchtest, braucht das aber Zeit. Gehe in dich und frage dich, ob du dafür die Zeit hast. Frage dich auch, ob du für deine Erträge genug Kraft hast und mit welcher Menge du umgehen kannst. Wenn du deinen Garten mit mehreren Leuten anlegst, kannst du natürlich mehr anbauen und dann auch ernten, als wenn du das Projekt alleine stemmst. Überfordere dich nicht mit der Masse an Erträgen und der Arbeit!

Wie viel Platz hast du?

Nun geht es daran, den Platz zu betrachten, den du hast. Wie viel Platz steht in deinem Garten zur Verfügung und über welche Kapazitäten verfügst du? Viele Pflanzen brauchen eine Menge Platz. Wenn du nur kleine Beete anbauen kannst, kannst du da nicht alles drin anpflanzen. So brauchen zum Beispiel einige Zucchinisorten pro Pflanze einen Quadratmeter Platz und Kürbisse sogar noch viel mehr. Beachte bei deiner Betrachtung des Platzes also nicht nur die Anzahl der Beete und deren Größe, sondern auch, was du darin anpflanzt. Auch die Wachstumsdauer kann dabei wichtig sein – es könnte dich frustrieren, ein paar Lauchpflanzen den ganzen Sommer lang zu pflegen, um dann im Herbst ernten zu können und vielleicht einen Topf Suppe herauszubekommen. Frage dich, was du erreichen willst und wie du für dich den größten Mehrwert aus deinem Garten ziehen kannst.

Was hast du für einen Boden?

In diesem Zusammenhang geht es auch daran, den Boden zu testen und herauszufinden, ob und wie du etwas optimieren musst. Als erstes hast du dafür ja bereits die Pflanzen betrachtet, die bereits bei dir wachsen. Dadurch kannst du einen ersten Eindruck bekommen, welche Qualität dein Boden hat. Als nächstes kannst du ihn dir angucken. Ist er fein und sandig und lässt sich nicht formen? Dann ist er sehr sandhaltig. Diese Art von Boden ist sehr luftig und kann im Frühjahr viel Wärme und Wasser speichern, dafür aber wenig Nährstoffe.

Ist der Boden sehr dicht und du kannst Würste aus ihm formen, ist sehr viel Ton in ihm enthalten. So kann er gut Nährstoffe und Wasser speichern, ist aber sehr dicht und lässt Wurzeln sich kaum entwickeln.

Ist der Boden gut formbar, aber dabei entstehen Risse, enthält der Boden Sand und Ton in einem gleichmäßigen Verhältnis. Und wie immer, ist die goldene Mitte der richtige Weg: So enthält der Boden Nährstoffe, ist aber trotzdem locker, Wurzeln können sich entwickeln und er speichert Wärme und Wasser.

Die Schlämmprobe

Du kannst auch eine Schlämmprobe durchführen, um den Bodentyp näher bestimmen zu können. Für die Schlämmprobe brauchst du ein großes Glas, am besten eins mit einem großen Schraubdeckel. Dazu brauchst du noch einen Esslöffel und etwas Wasser. Fülle dann die Erde und das Wasser in das Glas und schüttele kräftig.

Das Ergebnis ist erst einmal sehr trüb, verschafft dir aber Klarheit darüber, wie dein Boden beschaffen ist. Durch dieses Aufschlämmen in Wasser werden die verschiedenen Bestandteile der Erde nämlich getrennt. Nach einigen Minuten setzen sich die größeren Sandkörner schon am Boden ab. Die feinen Tonteile bleiben lange im Wasser und färben diese rötlich. Humus färbt das Wasser eher schwarz, – je dunkler das Wasser also ist, desto mehr Humus ist im Boden enthalten. Das Ergebnis hast du nach 15–30 Minuten. Bei schwerem Boden färbt sich das Wasser rötlich trüb und die Tonteilchen setzen sich nur langsam ab. Bei leichtem Boden setzt sich der Sand schnell ab. Bei einem Boden aus der goldenen Mitte, setzt sich also mehr ab, als bei dem Tonboden und weniger, als bei dem Sandboden.

ph-Selbsttest

Mit einem ph-Selbsttest, den du in Gartencentern bekommen kannst, kannst du schnell herausfinden, ob dein Boden basisch oder sauer ist. Und das ist ganz einfach: entnehme die Bodenprobe aus 20–30 cm Tiefe. Fülle die Erde in ein Glasröhrchen und fülle es mit destilliertem Wasser auf. Gebe dann die Tablette aus dem Selbsttest dazu und schüttele kräftig, bis die Tablette aufgelöst ist. Wenn sich die Sedimente gesetzt haben, kannst du das Ergebnis ermitteln, indem du die Farbe des Wassers mit der Farbskala des Tests vergleichst.

Bodenanalyse im Labor

Du kannst auch eine professionelle Bodenanalyse im Labor machen lassen. Dadurch bekommst du einen guten Überblick über den Gehalt von Nähr- und Mineralstoffen des Bodens. Mit den Informationen dieser Analyse kannst du 5–6 Jahre arbeiten, sie muss also nicht allzu oft gemacht werden.

Für die Analyse im Labor musst du verschiedene Bodenproben nehmen. Für jeden Gartenbereich brauchst du eine eigene Probe, also zum Beispiel welche aus dem Kleingehölz, aus dem Gemüsebeet, dem Obstgarten und von dem Rasen. Jede Probe sollte aus mindestens 10 gleichmäßig verteilten Einstichen bestehen, die du dann gut vermischst. Je mehr Einstiche du machst, desto genauer wird das Ergebnis. Aus dieser gut gemischten Bodenprobe entnimmst du dann ungefähr 300 g und füllst diese in eine gut verschließbare Tüte. Beschrifte die Probe auf jeden Fall mit Ort (also zum Beispiel Gemüsebeet, Erdbeersträucher...) und Datum.

Wie tief du die Bodenprobe nehmen willst, richtet sich nach der Wurzeltiefe der Pflanzen, die in diesem Gartenbereich schon stehen oder noch stehen sollen. Bei normalem Rasen ist eine Tiefe von zehn Zentimetern ausreichend, bei Gemüse solltest du auf 30 cm gehen. Hebe für den ersten Stich mit einem Spaten eine Grube in der erforderlichen Tiefe aus und achte dabei darauf, möglichst gerade und senkrecht nach unten zu graben.

Der dann folgende, zweite Stich, ist der entscheidende, denn er liefert das Material für die Probe. Dafür stichst du aus der Wand des Lochs eine dünne Erdscheibe heraus. Schneide dann an beiden Seiten dieser Scheibe möglichst viel Erde weg, sodass nur noch ein 2 cm dicker, schmaler Streifen bleibt. Vermische diesen dann mit mindestens neun weiteren Proben in einem Eimer.

Bei eigentlich allen Bodenanalysen wird der Gehalt der Nährstoffe im Boden ermittelt. Es wird der Anteil des organischen Kohlenstoffes getestet, denn dadurch kann man sehen, wie hoch der Humusgehalt ist. Auch wird getestet, wie der Boden mit Phosphor und Kalium versorgt ist.

Du kannst deinen Boden auch auf Schadstoffe testen lassen. Es können sich Schwermetalle im Boden festsetzen, wenn zum Beispiel Straßen in der Nähe sind. Im Labor wird dann getestet, welche Schwermetalle im Boden sind, die sich leicht in Pflanzen festsetzen. Solche Tests auf Schadstoffe gibt es auch für Gewässer.

Welche Pflanzen lohnen sich?

Nach deiner Bodenbetrachtung, kannst du dir überlegen, wie du den Boden bearbeiten und optimieren möchtest. Dafür ist auch wichtig, welche Pflanzen du anpflanzen möchtest. Nicht nur dein Geschmack und deine Zeit spielen dabei eine Rolle, sondern auch dein Vorwissen. Frage dich bei den Vorbereitungen unbedingt, welche Pflanzen sich leicht ziehen lassen. Denn die einzelnen Pflanzen brauchen eine individuelle Pflege. Gerade, wenn du das erste Mal etwas anpflanzt, solltest du einfache Pflanzen verwenden. Je nachdem, für welche Varianten du dich entscheidest, kommt unterschiedlich viel Arbeit auf dich zu. Zucchini und Rucola brauchen zum Beispiel nicht viel Pflege und du kannst trotzdem viel ernten. Tomaten brauchen im Gegensatz dazu sehr viel Pflege, die musst du hochbinden und dafür brauchst du ein Gerüst. Außerdem stehen Tomaten nicht gern im Regen und brauchen ein Dach – es liegt also nicht nur oft an der Schwierigkeit, sondern auch an dem Zeitfaktor. Wenn du wenig Zeit hast, konzentriere dich auf einfachere, pflegeleichte und wenige Pflanzen, wie Obststräucher oder Rettich und Mangold. Wenn dir mehr Zeit zur Verfügung steht, lassen sich auch etwas anspruchsvollere Sorten anpflanzen. Du musst zu Beginn der Saison auch die zusätzliche Arbeit pro Beet beachten, die du für das Anlegen der Beete aufwenden musst. Für ein 10 qm großes Beet kannst du mit ungefähr einem Arbeitstag rechnen.

Manche Pflanzen brauchen auch sehr lange bis zur Ernte und es gibt diese gleichzeitig sehr günstig im Bio-Supermarkt. Bedenke auch das und baue dann vielleicht besondere Sorten an, um einen Mehrwert zu haben, wie zum Beispiel gelbe oder violette Karotten.

Danach betrachtest du deine Wunsch-Ernte. Wann möchtest du was anpflanzen und ernten? Wie lange braucht benötigen die jeweiligen Pflanzen, um zu wachsen? Die Ernte vorzubereiten hat viel mit Timing zu tun, das solltest du schon in den Vorbereitungen bedenken und im gleichen Zusammenhang auch im Blick haben, was du auf dem Markt oder im Bio-Supermarkt kaufen kannst und ob sich der Anbau von zum Beispiel normalen Karotten wirklich lohnt.

Nach diesen ausführlichen Vorbereitungen kannst du in die Analyse übergehen und damit deiner Permakultur näher kommen.

Die Analyse

Du analysierst deine Beobachtungen und wertest diese aus. Wenn du dein Grundstück verstehst, kannst du dadurch arbeitsintensive Korrekturen vermeiden. Mithilfe der Analysen kannst du dann leichter in deine Planung und vor allem die Zonenplanung übergehen. Denn die Zonen sollten nicht nur nach dem Zeitfaktor ausgewählt werden, sondern auch nach ihrer Umgebung und dem Nutzen. Das kannst du gut mit der Sektoranalyse herausfinden. Auf der Basis dieser Analyse kannst du besser deine Zonen planen. Mit der Input-Out-Analyse kannst du dann planen, was in welcher Anordnung in diesen Zonen genau angebaut werden soll. Wenn du mit der Verbildlichung dieses Plans Probleme hast, kann dir die Overlay-Methode helfen, einen visuellen Überblick zu bekommen.

Die Sektoranalyse

Die Sektoranalyse ist sehr wichtig, denn sie fragt, welche äußeren Einflüsse auf dein Grundstück wirken. Sie hilft dir dabei, ein besseres Verständnis für die äußeren Einflüsse zu bekommen und erleichtert dir damit die weitere Planung deiner erfolgreichen Permakultur.

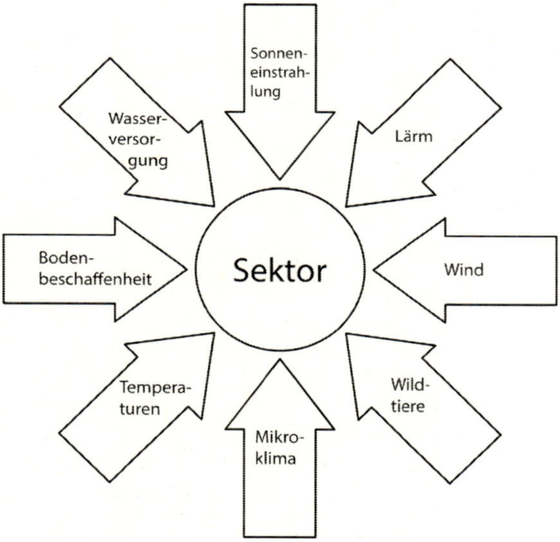

Je nachdem, wie dein Grundstück liegt, solltest du diese Faktoren im Kopf haben: Sonnenverlauf, Verschattung, Lärm, Wind, Bereiche mit schöner Aussicht und auch Wildtiere. Was für ein Mikroklima herrscht auf deinem Grundstück? Ein Mikroklima ist das Klima, das in einem kleinen, definierten Bereich herrscht. Es wird stark beeinflusst von den örtlichen Gegebenheiten, zum Beispiel die Beschaffenheit und Art des Bodens, welche Pflanzen wie wachsen und wie die Lichtverhältnisse sind. Dieses Mikroklima hat also einen großen Einfluss auf die Entwicklung deiner Permakultur. Wenn dein Nachbar zum Beispiel einen großen Baum hat, ist das ein äußerer Einfluss. Denn er kann unter Umständen einen Schatten auf Deinen Garten werfen. Dadurch ist ein Teil deines Gartens immer im Schatten, also im Vollschatten. Ein anderer Teil deines Gartens ist dadurch teilweise im Schatten, also im Halbschatten. Bei Sonne herrscht ein ganz anderes Klima als bei Schatten oder Halbschatten, er herrschen also sogenannte Mikroklimata.

Nicht nur der Baum deines Nachbarn, sondern auch die anderen Einflüsse erzeugen Mikroklimata und beeinflussen damit die Positionierung der Elemente deines Gartens. So steht zum Beispiel ein Komposthaufen gern im Vollschatten, Brombeeren, Kohlrabi oder Mangold hingegen wachsen besser im Halbschatten.

Tatsächlich zählen auch Nachbarn und Passanten zu den äußeren Einflüssen! Versuch also vielleicht nicht unbedingt, die leckeren Erdbeeren direkt an einem öffentlichen Fußweg zu pflanzen. Nicht, dass andere dir deine Ernte streitig machen!

Oft kannst du äußere Einflüsse aber auch für dich nutzen und sie bieten Chancen für deinen Garten. Du kannst zum Beispiel Regenwasser von einem hängenden Dach auffangen und für deinen Garten nutzen.

Die Sektoranalyse ist ziemlich zeitaufwändig, aber wichtig, damit du Erfolg hast. Vor allem das Einzeichnen braucht viel Zeit. Dafür erhältst du aber einen guten Überblick über alle Einflüsse auf deinem Grundstück. Anhand dieser kannst du dann alle Beete und Zonen ideal planen und anlegen. Die Zonen kannst du dann nämlich auf dem Plan der Sektoranalyse ausgestalten. Es sollte sich in deiner Permakultur nichts befinden, was nicht den Kriterien dieses Plans entspricht. Wenn du zum

Beispiel einen Hühnerstall bauen willst, solltest du diese in deine Zone 1 oder am Beginn von Zone 2 setzen, weil du Hühner oft besuchen musst. Gleichzeitig sollte der Stall aber von Überflutungs- und Feuergefahren ferngehalten werden, er sollte so nah an den Beeten grenzen, dass die Hühner diese im Herbst leicht düngen können, sollte einen Windschutz haben und nicht in der heißen Sommersonne stehen. Du siehst, die Sektoranalyse bringt dir, wenn du sie ausführlich gestaltest, viel Mehrwert und macht deine Planung eindeutiger und fehlerfrei.

Du brauchst dafür:

- einen Grundriss deines Grundstücks im A3-Format mit einem Pfeil nach Norden
- DIN A3-Transparentpapier
- einen Zirkel oder alternativ verschieden große Gläser und Schalen
- Radiergummi, Bleistift, Filzstifte oder Buntstifte
- Geodreieck

Auf Seiten wie sonnenverlauf.de, kannst du den Verlauf der Sonne an jedem Tag des Jahres an jedem Standort nachvollziehen, also auch der Verlauf auf deinem Grundstück. Du kannst dir auch die Extreme der Sommer- und Wintersonne ansehen und in welchem Winkel die Sonne zum Norden steht.

Es ergibt auch Sinn, dass du dir Windstatistiken deiner Umgebung im Internet ansiehst. Dort kannst du dir die Windrichtungen pro Monat ansehen, die am meisten vorkommen. So kannst du auch herausfinden, wo im Sommer oder Winter kühle beziehungsweise kalte Winde herkommen.

Nun zeichnest du die Sektoren auf ein Transparentpapier. Um die Windrichtungen und den Verlauf einzuzeichnen, suchst du dir einen geeigneten Mittelpunkt auf deinem Grundstück und zeichnest mit dem Bleistift eine Windrose mit allen Windrichtungen ein. Jetzt kannst du ganz bequem die Winter- und Sommersonnenrichtung eintragen und die Winde, die im Sommer und Winter herrschen.

Um deine Karte aussagekräftiger und anschaulicher zu gestalten, trage am besten noch die zugehörigen Uhrzeiten von Sonnenauf- und -untergang ein.

Neben den Onlinetools helfen dir auch Gespräche mit den Nachbarn dabei, mehr über die Wind- und Sonnenverhältnisse vor Ort herauszufinden. Auch den Schattenwurf von Bäumen oder Häusern kannst du ganz manuell nachvollziehen. Möchtest du zum Beispiel ein Gewächshaus anlegen, kannst du die Schatten der umliegenden Dinge mit einem langen Seil abmessen, um den Punkt im Garten zu finden, der am intensivsten mit Sonne versorgt wird. Am besten legst du die Schatten hierfür im Dezember nach, weil die Sonne dann am tiefsten steht und die Schatten damit am längsten sind.

Auf deine Karte kannst du auch eintragen, welche Sektoren eine schöne Aussicht haben, hier kannst du dann am besten Sitzgelegenheiten platzieren oder Beete, bei denen du viel zu tun hast und damit viel Zeit verbringst. Wenn sich auf der einen Seite deines Grundstücks zum Beispiel eine Straße befindet und auf einer anderen eine Wiese, willst du lieber auf der Seite der Straße Hecken setzen und auf der anderen

Seite mit der Wiese deine Beete und Sitzgelegenheiten planen. Das klingt vielleicht etwas banal, aber kann in der Planung schnell übersehen werden und dann zu bösen Überraschungen führen.

Lebst du am Wald oder bei Feldern, solltest du auch analysieren, welche Wildtiere auf dein Grundstück gelangen könnten. Trage auch das in die Sektoren ein, damit du später siehst, wo sich zum Beispiel Hasen aufhalten können oder vielleicht sogar Rehe. Sichere dort deine Beete besonders gut, damit die Tiere sich nicht über deine Pflanzen hermachen.

Die Input-Output-Analyse

Du kannst die Selbstregulierung, die die Permakultur anstrebt, nur erreichen, wenn Verbindungen zwischen den wichtigsten Elementen deiner Gestaltung bestehen. Damit sind die Pflanzen, die Gebäude, die Bäume und die Tiere gemeint. So haben allein Pflanzen untereinander unzählige Wechselbeziehungen. Sie dienen als Spaliere, so wachsen Kletterpflanzen zum Beispiel an anderen Pflanzen wie Feigen oder Buchsbäumen hoch. Dann dienen Pflanzen noch als Nährstoffe, wie Beinwellblätter für Kartoffelsetzlinge, sie befruchten sich über Kreuz, wie verschiedene Sorten von Pflaumen und Nüssen und sie leben in symbiotischen Beziehungen, wie Pilze unter Eichen.

Die Input-Output-Analyse, also die Analyse von Bedürfnissen und Ressourcen, ist eine tolle Methode, um zu sehen, welche Komponenten du miteinander verknüpfen kannst, damit sie gegenseitig einen Nutzen voneinander ziehen.

Folgende Fragen sollten dabei im Vordergrund stehen:

- Welchen Nutzen haben die Produkte eines Elements für andere Elemente und deren Bedürfnisse?
- Welche Bedürfnisse von diesem Element können wiederum von anderen Elementen gedeckt werden?
- Wo ist dieses Element nicht gut aufgehoben und wirkt negativ auf andere?
- Wo ist dieses Element für andere im System nützlich?

Diese Analysemethode kommt eigentlich aus der Wirtschaft, kann aber wunderbar auf deinen Garten übertragen werden. Wenn der Output den Input überwiegt, dann ist das Element rentabel und bietet sich für deine Permakultur an. Du kannst dir mithilfe dieser Fragen eine Liste machen mit den Elementen deiner Permakultur. Das ist recht aufwändig. Es bietet sich also an, dass du dich zuerst auf die allerwichtigsten Elemente deiner Permakultur beschränkst.

An dem Beispiel Huhn kannst du dir eine typische Input-Output-Analyse genauer ansehen.

Die Inputs, also die Bedürfnisse des Huhns sind Wärme, Futter, ein Unterschlupf, Sand für den Muskelmagen, Wasser, Staubbäder, andere Hühner und natürlich ein artgerechtes, gesundes Leben.

Die Produkte des Huhns sind Fleisch, Eier, Federstaub, Federn und Kot.

Diese Produkte kannst du vielfältig nutzen. Du kannst viele Gerichte aus dem Fleisch und den Eiern zubereiten und aus den Federn kannst du zum Beispiel Staubwedel und Kissenfüllungen machen. Aus dem Kot und auch aus den Federn kannst du außerdem speziellen Dünger herstellen. Du kannst aber nicht nur deine eigenen Bedürfnisse mit Hühnern stillen, sondern auch die deines Gartens. So lockern Hühner den Boden auf und fressen Unkraut und Schädlinge. Wenn du die Hühner richtig einsetzt, kannst du die Obstwiese und Beete mit ihrer Hilfe wunderbar pflegen.

Nicht gut aufgehoben sind Hühner direkt bei Gemüsebeeten oder anderen Sträuchern, da sie diese sofort abfressen würden. Hier wirkt das Element Huhn negativ auf andere. Sie dürfen nicht unkontrolliert in die Beete gelangen. Nützlich werden sie im Spätherbst und Winter, um die Beete zu lockern, von Schädlingen zu befreien und um sie zu düngen.

Diese Analyse zeigt also, dass Hühner einen großen Nutzen für deine Permakultur haben können und für die Beetpflege eingesetzt werden können. So eine Analyse kannst du mit den anderen Elementen auch machen, um zu sehen, ob sich der Anbau lohnt und wo das Element am besten in deiner Permakultur angepflanzt werden sollte.

In der Natur gibt es viele Beispiele für Symbiosen, also für Pflanzen und Tiere, die zusammen vorkommen und sich gegenseitig unterstützen.

In der Gestaltung der Permakultur wird dieses Prinzip der gegenseitigen Unterstützung durch das Pflanzen von sogenannten Gilden genutzt. Es werden also Tiere, Pflanzen und Strukturen so zusammengestellt, dass sie sich gegenseitig nützen, was du vorher ja mit der Input-Out-Analyse herausgefunden hast. Es sollte nichts in einer

Permakultur angebaut werden, was nicht eine oder mehrere Funktionen hat und diese Funktionen sollten auch auf mindestens eine Art genutzt werden von anderen Elementen der Permakultur.

So ist eine Obstbaumgilde beispielsweise eine Gruppe aus verschiedenen Pflanzen, die dem Baum bei der Abwehr von Schädlingen, bei der Nährstoffversorgung und bei der Bestäubung helfen. Diese Pflanzen werden am besten kreisförmig um den Obstbaum herum gepflanzt. Ein klassisches Beispiel dafür ist ein Ring aus Stickstoff-fixierenden Büschen und Beinwell, den du entlang der Tropfgrenze des Obstbaumes pflanzt. Die Tropfgrenze beschreibt die Entfernung, die die Äste des Baums über dem Boden erreichen.

Diese dort gepflanzten Büsche beschneidest du regelmäßig stark, damit sie den gebundenen Stickstoff abgeben. Den Beinwell kannst du mindestens zweimal im Jahr zurückschneiden und kannst das Schnittmaterial dann da vor Ort als Mulch noch einmal weiter verwenden. Zwischen die Sträucher und den Beinwell pflanzt du stark riechende Kräuter, die halten Schädlinge fern. In den dann noch vorhandenen Zwischenräumen passen Blumenzwiebeln, deren Blüten Bestäuber anlocken.

So kannst du durch die Analyse viele Gilden in deiner Permakultur schaffen und bist damit auf der sicheren Seite, dass deine Kultur funktioniert.

Die Overlay-Methode

Die Overlay-Methode ist eine sehr visuelle Art der Analyse. Mit ihrer Hilfe kannst du dir verbildlichen, wie welche Elemente wo auf dem Grundstück wirken. Um besondere Punkte, Krisenstellen, mögliche

Konflikte oder Konstellationen besonderer Art entdecken zu können, ist diese Methode sehr hilfreich. Hierfür trägst du die Einzelkomponenten deiner gewünschten Permakultur auf Transparentpapier auf und legst diese dann so auf den Grundriss deines Grundstücks, wie du denkst. Am besten nimmst du dafür das Ergebnis aus deiner Sektoranalyse zur Hand. So kannst du sehen, welche Zusammenhänge bestehen (würden) und ob deine Idee aufgeht. Es wird dadurch deutlich, ob sich zum Beispiel Gilden bilden würden und ob die Elemente nicht negativen, äußeren Einflüssen ausgesetzt wären. Daraus kannst du einen großen Mehrwert für deine Planung ziehen, wenn du so zum Beispiel durch diese Analyse besonders schöne Plätze entdeckst, mögliche Bereiche der Übernutzung findest oder die Bildung von neuen Gilden, Symbiosen, Formen und Mustern erkennbar ist.

Die kreative Lösung

Wenn dir das alles zu rational und analytisch ist, kannst du deine Permakultur auch etwas kreativer planen, zumindest, um Ideen für den Anfang zu bekommen und den Ball ins Rollen zu bringen.

Eine einfache Möglichkeit, auf kreative Lösungen zu kommen, ist die Methode es „Random Assembly", also die der zufälligen Anordnung. Diese Methode kann dabei hilfreich sein, eigentlich offensichtliche, aber noch nicht eindeutige, Lösungen zu finden. Dafür brauchst du nur ein Blatt Papier und ein Stift.

Mittig des Papiers vermerkst Du einige Verbindungswörter, wie zum Beispiel auf, unter, über oder auch neben... Dann notierst du in einem Kreis drum herum Dinge, die du gestalten willst, wie: Gemüsebeete, Teich, Rosenbogen, Kompost, Sonnenfalle... Darunter sollten schon einige Elemente sein, die sich schon auf deinem Grundstück befinden, wie ein Geräteschuppen zum Beispiel. Dann verbindest du wild drauf los. Dadurch können nützliche Verbindungen entstehen, die du vorher gar nicht auf dem Zettel hattest.

Das Design

Wenn du die Analysen und Möglichkeiten soweit abgeschlossen hast, geht es in das Design deiner Permakultur. Das oberste Ziel sollte es sein, stets irgendwo in deinem Garten etwas ernten zu können. Das gilt auch für alle anderen Schritte der Gestaltung deiner Permakultur. Da du jetzt deine Beete aber aktiv anfängst zu entwerfen, wird es jetzt wirklich wichtig.

Mikroklima optimieren

Du kannst dieses Ziel durch die übergreifenden Gartenzonen erreichen. Bei deinem Design musst du beachten, dass die Zonen miteinander zu tun haben und sich Vorzüge schaffen. Durch deine Analysen hast du herausgefunden, aus welchen Richtungen der Wind kommt. Damit du ein gutes Mikroklima in deinem Garten schaffen kannst, braucht es an den besagten Stellen einen Windschutz, vor allem da, wo kalte Winde in den Garten ziehen. Meistens ist das die Seite deines Grundstücks, das nach Osten ausgerichtet ist. Am besten eignet sich als Windschutz eine Hecke, am allerbesten noch eine Wildobsthecke, wie zum Beispiel die Aroniabeere. Nicht nur du kannst die Beeren essen, sondern auch Vögel, Igel, Mardertiere und Eidechsen lieben die Beeren und haben in der Hecke auch einen Lebensraum.

Wenn es irgendwie möglich ist, solltest du deinen Garten wie eine Sonnenfalle designen oder zumindest einen Teil deines Gartens. An den Windschutz hast du schon gedacht. Für eine optimale Sonnenfalle kommen an die Nordseite hohe Bäume, an den Seiten die Hecken und zum Süden hin ist der Garten offen. Hier pflanzt du am besten die Gemüsebeete und niedrigen Sträucher. Mithilfe der Ergebnisse aus der Sektoranalyse kannst du die Licht-Schatten-Verhältnisse kontrollieren, damit dir das Wetter keinen Strich durch die Rechnung macht.

Intensivzonen und ihre Elemente

Du beginnst also mit der Planung des optimalen Mikroklimas für deinen zukünftigen Lebensraum. Danach kannst du die Wasserversorgung der Intensivzonen planen, also den Bereich der Gemüsebeete und vielleicht Topfpflanzen oder ein Gewächshaus, halt das, was du in deinem Design ganz individuell festlegst. Es geht also um die Zonen, die direkt an deinem Haus sind. Wenn das soweit erst einmal steht, kannst du mit dem Design der Permakultur-Elemente beginnen. Nimm wieder deinen Sektoranalysen-Plan, wenn du ihn hast, zur Hand und designe deine verschiedenen Beet-Formen und die anderen Elemente: eine Kräuterschnecke, Hochbeete, vielleicht Hügelbeete, Insektenhotels, vielleicht eine Wurmfarm für den Kompost oder andere Nützlingsbiotope – vergiss nur nicht, dass Permakultur-Elemente stets einen mehrfachen Nutzen haben sollten.

Ein Garten nach der Permakultur nutzt alle vorhandenen Ressourcen, deswegen ist jeder Garten individuell und es gibt kein Patentrezept für das Design. Es haben sich aber trotzdem einige Elemente etabliert: das Insektenhotel, Naturteiche, Trockensteinmauern (wie die bei der Kräuterschnecke), Naturhecken, Komposthaufen, Tonnen für Regenwasser, Gewächshäuser und Ställe für Hühner oder Kaninchen. Die Gestaltungselemente tragen zu einer intensiven Nutzung der Ressourcen bei und du kannst durch sie auch Abfälle vermeiden. So kannst du zum Beispiel die Regentonne und den Teich im Design in die

Intensivzonen setzen und hast damit den Punkt der Wasserversorgung abgehakt.

Denk aber auch bei diesen Gestaltungsideen daran, dass die Elemente einen multifunktionalen Nutzen haben sollten und beachte das bei der Anordnung. Zum Beispiel wird ein Gewächshaus, das neben einem Gartenteich steht, durch die Reflexion des Sonnenlichts durch das Wasser mehr erhitzt, wodurch die Pflanzen im Gewächshaus besser wachsen können.

Beispiel Design

Ein Beispiel für das komplette Design einer Permakultur könnte so aussehen:

Als Wasserversorgung gibt es in diesem Beispiel einen Brunnen, Wasser, das vom Dach eingefangen wird und ein kleines Gerinne bei Zone 2 am Grundstücksrand. Der Windschutz am Gelände ist gegeben durch die teilweise bepflanzte Grundstücksgrenze mit Obstbäumen und Ziersträuchern und durch das Haus des Nachbarn und seinen Bäumen. Die baulichen Ressourcen des Grundstücks sind ein Wohnhaus, ein Gartenhaus und eine Werkstatt, ein teilweise vorhandener Gartenzaun und ein kleiner Schuppen für Brennholz. Du willst mit deinem Design das Beste aus den Gegebenheiten rausholen und arbeitest mit den Zonen. Die Zone 0 ist das Haus und der Ausgangspunkt. Diese Zone ist für die Energiegewinnung zuständig und für den Großteil der Wassergewinnung. Du kannst Grauwasser aus Waschmaschine, Dusche und Badewanne aufbewahren und für die Bewässerung nutzen, außerdem wird der Brunnen genutzt, um Grundwasser zu ziehen und du kannst Regentonnen am Dach aufstellen, um davon das herablaufende Regenwasser aufzufangen.

Die erste Zone ist direkt am Haus und für intensive Mischkulturen, den Wasserspeicher und die Kompostierung zuständig. Hier bewahrst du also das aufgefangene Wasser auf, da es in dieser Zone bei den Beeten auch am meisten gebraucht wird und teilweise noch in der zweiten Zone Verwendung findet, aber nicht so häufig. Du kannst den teilweise vorhandenen Gartenzaun erweitern und dadurch diese Zone sicher umzäunen und zu einem geschützten Bereich machen, um zum Beispiel mehrjährige Pflanzen anzüchten zu können. Außerdem dient der Zaun natürlich als Rankhilfe. Hast du ein Gefälle in dem Bereich deines Hauses, kannst du Hochbeete oder Beete auf kleinen Terrassen designen, um das Gefälle auszugleichen.

In der zweiten Zone kannst du wieder den Zaun erweitern, um eine Rankhilfe zu erzeugen. Die Bäume an der Grundstücksgrenze spenden Schatten, bedenke das in deinem Design. Nutze das Gerinne, um auch die Artenvielfalt im Wasser zu fördern. Das Gerinne kann außerdem überschüssiges Wasser aus dem Biotop der Zone 2 abfangen, du musst dir also keine Sorge um Überschwemmungen machen. Durch das Gerinne könntest du hier auch Enten halten, die die Schnecken in Schach halten. Außerdem dient es natürlich als Bewässerung, weshalb die Wasserspeicher aus der ersten Zone nicht so sehr gebraucht werden.

Die dritte Zone ist die Baumzone. Diese musst du nur vor Wildverbiss schützen, mehr Pflege brauchen sie fast nicht. Am besten siedelst du diese Zone in der Nähe des Holzschuppens und der Werkstatt an, um gleich Brennholz lagern zu können und Werkzeug, wie Axt und Säge griffbereit zu haben. Bei den Bäumen kannst du noch Beerensträucher setzen und Insektenhotels.

Die vierte und letzte Zone befindet sich am Grundstücksrand und ist die nicht bewirtschaftete Wildzone.

Gestalte aber erst einmal das, was direkt vor deiner Tür stattfindet und nicht sofort alle Zonen. Wenn du diesen Raum nicht unter Kontrolle hast, bringt es nichts, gleich das ganze Grundstück zu bepflanzen. Bleib also für den Anfang erst einmal nah am Haus und konzentriere dich darauf. Wenn der Bereich dann später in der Umsetzung gut läuft, kannst du immer noch weiter designen und planen. Die Wildzone sollte aber trotzdem schon existieren, denn diese gehört in jede Permakultur, egal wie weit diese gerade ist.

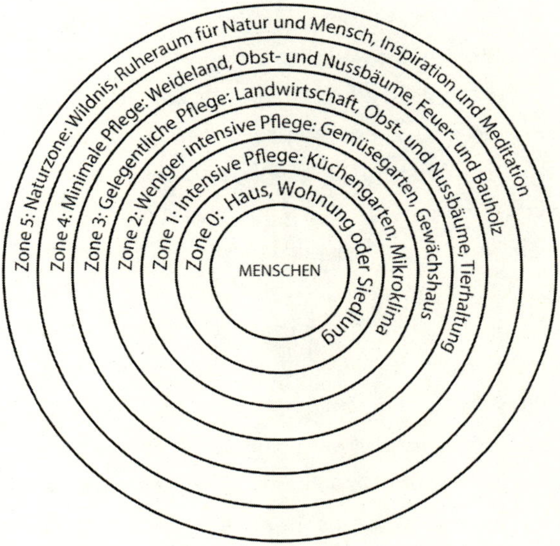

Die Fruchtfolge nach dem 4-Jahresplan

Als nächstes fragst du dich, welche Fruchtfolge du möchtest. Bei der Fruchtfolge geht es darum, welche Pflanzen über Jahre hinweg auf den Feldern angebaut werden. Sie ist auch deswegen so wichtig, weil viele Schädlinge und Krankheiten ziemlich hartnäckig sind und überwintern.

Wenn du also jedes Jahr das gleiche anbaust, gibst du den Schädlingen genau das, auf was sie Hunger haben. Klassisch folgt man im Garten dem 4-Jahresplan: im ersten Jahr gibt es die Gründüngung mit Lupinen, im zweiten Jahr werden Starkzehrer wie Tomaten oder Kürbis angebaut, im dritten Jahr Mittelzehrer wie Möhren oder Fenchel und im vierten Jahr Schwachzehrer wie Bohnen oder Radieschen und im fünften Jahr geht es wieder von vorne los mit der Gründüngung. Diese Fruchtfolge sorgt für einen guten, nicht überforderten Boden und damit für eine ertragreiche Ernte. Du suchst dir eine Hauptkultur aus, es gibt Dauerkulturen, die ständig über den ganzen 4-Jahres-Zyklus im Beet stehen können und du suchst dir auch Begleiter zu den Hauptkulturen aus. So kannst du zum Beispiel als Dauerkultur in jedem Jahr, außer im Jahr der Gründüngung, Erdbeeren in die Beete setzen und im ersten Jahr als Hauptkultur zum Beispiel die Kartoffeln. Zu den Kartoffeln gibt es dann noch passende Begleiter wie Mais im Spinat. Im zweiten Jahr kannst du dann als Hauptkultur zum Beispiel Kohlrabi anpflanzen und als Begleiter dazu Knoblauch und Rote Beete. Achte nur darauf, dass sich deine ausgewählten Pflanzen auch mögen, sonst kannst du große Ernteeinbußen haben. Kartoffeln und Erbsen mögen sich zum Beispiel gar nicht. Unterschätze auch die Phase der Gründüngung nicht, – sie gibt dem Boden die nötige Struktur und viele Nährstoffe zurück und lockert ihn auf. Sie hält ihn also gesund. Eine solche Fruchtfolge ist im Gemüsebeet sehr sinnvoll, denn so kannst du einen hohen Ertrag mit wenig Dünger erzielen.

Die Fruchtfolge nach Jean-Martin Fortier

Es gibt auch die Methode von dem Kanadier Jean-Martin Fortier, der er eine regenerative und moderne Art des Gemüseanbaus entwickelt hat. Diese läuft etwas anders ab, als der typische 4-Jahresplan, bringt aber auch einen hohen Ertrag ein. Wenn du den 4-Jahresplan nicht ansprechend findest, könnte diese Art des Anbaus etwas für dich sein.

Fortier trennt Starkzehrer, für ihn die Pflanzen, die lange im Beet stehen, strikt voneinander. Für ihn gibt es keine Mittelzehrer, sondern nur Starkzehrer und Schwachzehrer. Diese wechselt er miteinander ab. Er versteht unter Schwachzehrern alles, was relativ kurz im Beet steht. Diese Arten mischt er dann, achtet aber darauf, dass er eine botanische Familie nur einmal anpflanzt. Er würde also nicht Rucola, Radieschen und Mairübe anpflanzen, weil das alles Brassica sind, also zur Gattung Kohl gehören. Er würde eher Spinat, Mairübe und Frühlingszwiebeln zusammen mischen, weil diese aus verschiedenen Familien stammen. Er wählt also innerhalb eines Schwachzehrer-Blocks verschiedene botanische Familien aus. Seine Philosophie dahinter ist, dass die Schwachzehrer den Boden nicht groß belasten. Daher muss man im nächsten Jahr der Fruchtfolge nicht so sehr auf den Boden achten. Wichtig ist nur, dass man die botanischen Familien wechselt, weil viele Schädlinge und Krankheiten auf eine Pflanzenfamilie spezialisiert sind und man diesen so ihre Nahrung nimmt. Außerdem haben verschiedene Pflanzenfamilien auch verschiedene Nährstoffbedürfnisse und so wird der Boden noch entlastet. Die Starkzehrer-Blöcke, also die Hauptkulturen, werden stark voneinander getrennt und rotieren, genau wie bei dem 4-Jahresplan.

Wenn du die Begleiter zusammen pflanzt, solltest du dir auf jeden Fall Tabellen angucken, in denen steht, welche Pflanzen nebeneinander stehen können. Auch eine Mischkultur muss geplant werden, sonst können sich die Pflanzen gegenseitig schaden.

Genauere Pflanzenauswahl

Zum Design gehört auch die Pflanzenauswahl. Die kannst du erst einmal an deinen Beobachtungs- und Analyseergebnissen festmachen, es zählen aber noch viele andere Punkte dazu. Zum Beispiel die Frage, ob sie winterhart sind oder nicht, welche Funktionen die Pflanzen haben, wie viel Platz sie brauchen und welchen Nährstoffgehalt sie haben. Einige Pflanzenbeispiele hast du bereits im 4. Kapitel kennengelernt. Für alle anderen Pflanzen, die dir einfallen gilt aber auch: recherchieren, lesen und lernen. Pflanze nicht einfach drauf los, sonst kann es böse Überraschungen geben. Wenn du zum Beispiel Salat im Frühjahr pflanzt, braucht er bestimmt zwei Monate im Beet. Wenn du ihn aber im Sommer pflanzt, wächst er schneller und braucht nur vier Wochen. Dafür entzieht er dem Boden aber mehr Nährstoffe. All diese Details gehören zu dem Design, damit du in der Planung schon viel Vorarbeit geleistet hast.

Eine weitere Frage ist, ob du Jungpflanzen selbst ziehen möchtest. Das ist für deine Planung jetzt schon wichtig, weil du für die Jungpflanzen Platz brauchst. Du brauchst für den Anfang ein Gewächshaus oder Mini-Gewächshäuser und anschließend draußen genügend Stellfläche. Diese Stellfläche sollte nicht den schärfsten Winden und der schlimmsten Sonne ausgesetzt sein. Nimm also wieder die Ergebnisse deiner Sektoranalyse zur Hand und kontrolliere, ob du die Kapazitäten für eine Jungpflanzenanzucht hast.

Das Design ist eine wichtige Vorarbeit, um die Planung gut organisieren zu können. Wenn du die Standorte verifiziert hast und die Pflanzenauswahl so weit stattgefunden hat, kannst du in die Planung übergehen.

Die Planung

Was du im Design schon angefangen hast, wird in der Planung deines Anbaus weitergeführt und spezifiziert. Am besten teilst du deine Planung in verschiedene Schritte, um strukturiert vorzugehen. Der beste Zeitpunkt für deine Planung ist der Winter, um in Ruhe die nächste Saison vorbereiten zu können.

Als erstes erstellst du einen Gartenplan, den du dir im Design erarbeitet hast. Du kannst ihn mit einer Software oder per Hand aufzeichnen. Zeichne da dein Grundstück nach und zeichne ein, wie du deine Beete aufteilen möchtest. Wenn du schon Beete hast, dann zeichne sie da ein wo diese sich befinden. Legst du neue Beete an, ist eine Breite von 1,20 m eine gute Größe, so kommst du von beiden Seiten gut an alles heran, ohne in das Beet steigen zu müssen. Willst du eine größere Fläche für ein Beet planen, teile diese trotzdem in 1,20 m große Abschnitte ein, damit du deine Pflanzen nicht beschädigen musst, um das Beet zu pflegen.

Beetplanung vorbereiten

Nimm jetzt Karteikarten zur Hand, sie können dir bei der Anbauplanung helfen. Schreibe auf die Karten alle Salate, Gemüsesorten, Kräuter, Obstsorten, Blumen und all das, was du sonst noch anbauen und pflanzen willst. Halte dich daran, was du gerne isst, was du pflegen kannst und wofür dein Grundstück geeignet ist. Wenn du eine Pflanze in mehr als ein Beet setzen willst, machst du für diese dementsprechend dann mehr Karten. Wenn du es noch ausführlicher haben willst, kannst du auf die Karten auch schreiben, ob es sich um Stark-, Mittel- und Schwachzehrer handelt. Es kann sich anbieten, die Beete nach diesen verschiedenen Verzehrern einzuteilen. Jeder Saison gehen alle

Verzehrer-Gruppen dann ein Beet weiter, damit die Nährstoffe sich immer richtig aufteilen und der Boden nicht plötzlich brach liegt und wieder aufbereitet werden muss.

Dann brauchst du noch Karteikarten für die Düngung mit zum Beispiel Kompost, Mist, Mulch oder der Gründüngung.

Nährstoffplanung

Die Planung der Nährstoffe darfst du dabei nicht vergessen, denn die Pflanzen verbrauchen stetig Nährstoffe des Bodens und der soll am Ende des Jahres nicht brach liegen. Du kannst dir die Nährstoffplanung wie ein Punktesystem vorstellen, so lässt sich anschaulich planen. Nach der Bodenoptimierung oder Gründüngung, ist der Nährstoffgehalt der Beete bei seinem Maximum. In Punkten dieses vereinfachten Systems heißt das: die Beete haben 16 Nährstoffpunkte. Dieses Startguthaben behältst du bei deiner Planung im Auge.

Das Punktesystem ist natürlich nicht wissenschaftlich korrekt, kann dir die Planung aber auf jeden Fall erleichtern und aufzeigen, wie Nährstoffe sich abbauen und wie du sie wieder aufbauen kannst.

Jetzt kommen die Pflanzen dazu, die diese Nährstoffe verbrauchen. Vereinfacht dargestellt, sieht die Verteilung so aus:

Starkzehrer verbrauchen 10 Nährstoffpunkte pro Jahr.

Mittelzehrer verbrauchen 5 Nährstoffpunkte pro Jahr.

Schwachzehrer verbrauchen 1 Nährstoffpunkt pro Jahr.

Wenn du nicht das ganze Beet bepflanzt, reduziert sich die Punktzahl dementsprechend. Hast du also nur ein halbes Beet mit einem Starkzehrer bepflanzt, verbraucht dieser dann nur 5 Nährstoffpunkte.

Hast du beispielsweise ein Beet das Jahr über mit zwei Mittelzehrern bepflanzt, hast du 16 – (5 + 5) = 6, diese 6 Nährstoffpunkte müssten dann zum Beispiel im 4-Jahresplan zum Beispiel bis zur nächsten Gründüngung reichen.

Allerdings kannst du die Nährstoffpunkte wieder auffüllen, und zwar mit Dünger! Wenn du das ganze Beet auf einmal düngst, sieht die Verteilung der Punkte wie folgt aus:

Mist füllt das Konto um 4 Nährstoffpunkte wieder auf.

Brennnesseljauche füllt das Konto um 8 Nährstoffpunkte wieder auf.

Mulchen füllt das Konto um 10 Punkte wieder auf.

Kompost füllt das Konto um 16 Punkte wieder auf.

Gründüngung füllt das Konto auch um 16 Punkte wieder auf.

Du kannst für die Nährstoffplanung eine Tabelle mit Beeten erstellen, deren Guthaben, die Pflanzen mit ihrem Punktabzug, die Dünger mit dem „Kredit" und dann die Punktzahl am Jahresende.

Die Beetplanung per Hand

Jetzt kannst du mit den Karteikarten deine Beete planen. Ein Kartenstapel ist ein Beet. Leg am besten auf jeden Stapel einen Zettel mit der Bezeichnung des Beetes oder auch Nummer, damit du weißt, welches Beet gemeint ist. Versuch auf jeden Fall, gesunde Mischkulturen zu erzeugen, damit die Pflanzen sich gegenseitig helfen. Ein typisches Beispiel dafür ist die Möhre und die Zwiebel: Der Duftstoff der Möhre verwirrt die Zwiebelfliege und diese befällt die Zwiebel dementsprechend nicht und deine Ernte ist gesichert.

Führe am besten Bilanz darüber, was du wo pflanzt, so kannst du für die nächste Saison Erfahrungen sammeln und dein Wissen davon anwenden. Am besten führst du Buch über die Bezeichnung des Beetes und die Kulturfläche, die Misch-, Haupt-, Vor- und Nachkultur mit den Sorten, den Zeitpunkt des Pflanzens, die Anzahl der Jungpflanzen, was du wie gedüngt und gemulcht hast, die Menge deiner Ernte und ob du vielleicht Schädlinge hattest.

Die Beetplanung am PC

Du kannst deine Planung auch am PC gestalten. Plane auf jeden Fall bei allen Varianten zuerst die Hauptkultur und dann deine Nebenkulturen. Die Hauptkultur wählst du einfach selbst aus. Sie steht am längsten im Beet und nimmt die meiste Fläche ein. Die Planung der Fruchtwechsel orientiert sich an der Hauptkultur. Wenn du deine Hauptkultur mit ihren Begleitern festgelegt hast, kannst du die Vor- und Nachkulturen planen, also die Pflanzen, die kürzer im Beet stehen und vor und nach der Hauptkultur angepflanzt werden.

Bei Excel kannst du dir über alle Beete und Kulturen einen guten Jahresüberblick verschaffen. Du legst für alle Beete Zeilen an und Spalten für die Monate des Jahres. Dann planst du deine Hauptkulturen. Zum Beispiel kannst du in einem Beet Möhren als Hauptkultur ansetzen. Trage dann bei Excel ein, dass in diesem Beet von zum Beispiel Februar bis Mai Möhren wachsen. Dann ist das Feld für Nachkulturen ab Mai frei. Im Sommer kannst du zum Beispiel Brechbohnen anpflanzen und in den Winter hinein noch Feldsalat. So kannst du deine ganze Gartensaison übersichtlich planen. Zwischen den Kulturen sollten ungefähr zwei Wochen Pause sein, damit sich der Boden erholen kann. Achte bei der Planung natürlich auch darauf, wo deine Beete auf deinem Gartenplan sind, nicht jede Pflanze mag jeden Standort.

Du wirst bei der Planung sehen, dass du immer wieder etwas herumschieben wirst, um deine Beete optimal zu nutzen. Wenn du zum Beispiel ein Beet im Januar noch besetzt ist, kannst du danach eher zwei schnelle Nebenkulturen pflanzen und nicht zuerst eine Hauptkultur, nach der keine Zeit mehr wäre für zwei Nebenkulturen. Diese jetzt nicht gesetzte Hauptkultur ist vielleicht in einem anderen Beet besser aufgehoben. Die Planung ist ein bisschen wie Tetris spielen und kann schon einige Tage in Anspruch nehmen. Du kannst so aber deine Beete optimal auslasten und perfekt nutzen, denn du siehst in den Tabellen die Zwischenräume zwischen den Kulturen und kannst diese mit kurzen Nebenkulturen wunderbar füllen. Du wirst überrascht sein, wie viel einzelne Beete hergeben und was du für verschiedene Dinge in einem Jahr ernten kannst!

Verliere aber auch nicht bei der Planung am PC die Multifunktionalität aus den Augen und pflanze auch Begleiter zu den Kulturen. Zum Beispiel kannst du Bohnen zu Mais pflanzen, die Bohnen benutzen den Mais als Rankhilfe. In deiner Tabelle könntest du jeweils zwei Zeilen für ein Beet verwenden. Eine für die Haupt- und Nebenkulturen und eine für deren jeweilige Begleiter. Falls du Dauerkulturen hast, kannst du auch für diese noch eine extra Zeile machen.

Bei dieser Art der Planung siehst du auch schnell, ob deine Ernte gestaffelt ist, ob du also immer mal wieder etwas ernten kannst und nicht nur einmal alles. Lege also nicht nur für deine Vor-, Haupt- und Nachkulturen die Aussaatzeitpunkte fest, sondern auch für die Begleiter, daher sind extra Zeilen für diese sinnvoll. So ist gewährleistet, dass dein Garten dich dein ganzes Jahr über versorgt. Dafür lohnt sich ein Blick auf die Saatguttüten, auf denen steht, wie lange die Pflanzen im Beet stehen müssen.

Schreib dir deine Aussaat- und Erntetermine am besten in deinen Kalender, damit du nichts vergisst.

Beispiel Anbauplan

Ein möglicher Anbauplan könnte so aussehen:

Im ersten Beet hast du Wurzelgemüse. Dieses Beet braucht nur wenig Kompost, keinen Mist und auch keinen Kalk. Darauf kannst du pflanzen: Schwarzwurzeln und Pastinaken, die im Winter im Feld bleiben können. Außerdem setzt zu verschiedene Sorten von Möhren ins Beet, die häufiger gesät werden und über das Jahr immer wieder geerntet werden können. Die Schwarzwurzeln und Pastinaken sind also deine Hauptkulturen. Zwischen den Kulturen kannst du noch Radieschen, Mairettiche, Pflücksalat und Chinesischen Spargelsalat pflanzen, diese Sorten vertragen sich gut mit deinen Kulturen.

Im zweiten Beet kannst du Buschbohnen und Salate anpflanzen. Hier musst du beachten, dass kein Kalt gestreut wird. Auf diesem Beet pflanzt du am besten schon im Oktober des Vorjahres Wintersalat, der im Beet überwintert und im April geerntet wird. Anschließend kannst du Bohnen pflanzen. So hast du auch dieses Beet optimal über das ganze Jahr genutzt. Zu dem Salat kannst du noch zusätzlich Lauch oder auch Sellerie anpflanzen. Zu den Bohnen passt auch Sellerie gut. Außerdem empfiehlt sich Dill, er verstärkt den Geschmack der Bohnen.

Im dritten Beet pflanzt du Gurken und Paprika an und streust auch in diesem Beet keinen frischen Kalk. Zu den Gurken kannst du als Begleiter gut Kohlrabi pflanzen und zu den Paprika passt gut Kohl. Um dieses Beet auch im Winter zu nutzen, kannst du als Vorkultur Wintersalat anpflanzen.

Im vierten Beet stehen Erdbeeren. Ob du sie hier als Dauerkultur stehen lässt oder nach einem Jahr wieder umsetzt, bleibt dir überlassen. Am besten düngst du das Beet vor dem Pflanzen der Erdbeeren mit Holzasche. Die Erdbeeren pflanzt du dann im Sommer. Davor kannst du als Nebenkulturen schnelle Erbsen oder Salate anpflanzen. Im Juli setzt du dann die Erdbeeren in das Beet. Zwischen die Erdbeeren kannst du Spinat setzen oder auch Schnittlauch, Knoblauch und Lauch. Du kannst dieses Beet neben den Erdbeeren noch für vieles andere nutzen und hast damit einen großen Ertrag und ein gesundes, gemischtes Verhältnis.

Im fünften Beet kannst du Rote Beete oder Frühe Erbsen setzen. Erbsen kannst du gut am Fenster vorziehen und dann auspflanzen, wenn der Boden frei ist. Sie haben Ertrag, wenn die gemüsearme Zeit ist, also vor allem im Juni. Rote Beete erntest du im Herbst und kannst sie schon im April pflanzen. Als Begleiter sind für Erbsen und Rote Beete Dill und Kohlgewächse gut geeignet.

Im sechsten Beet pflanzt du Zwiebeln. Wintersteckzwiebeln sind winterhart und werden, wie der Wintersalat, im Herbst des Vorjahres angepflanzt. Normale Zwiebeln und auch Schalotten steckst du je nach Witterung ungefähr am Ende vom März ins Beet. Die Wintersteckzwiebeln kannst du im Mai ernten, die anderen Zwiebeln ungefähr im August. Als Begleiter zu den Zwiebeln kannst du Kräuter wie Kamille, Bohnenkraut und Dill anpflanzen oder auch Zucchini, wenn es der Platz zulässt.

Das siebte Beet kannst du als Anbaufläche für junge Pflanzen nutzen. Frühkartoffeln eignen sich wunderbar als Vorkultur. Diese Kartoffeln werden von Anfang Juni bis Anfang Juni geerntet. Nach der Ernte kannst du weitere Jungpflanzen setzen: Der Staudensellerie wird im März gesät und später dann pikiert und verpflanzt. Pikieren bedeutet, dass Jungpflanzen weiter voneinander entfernt gesetzt werden, damit sie mehr Platz zum Wachsen haben. Du kannst auch Kohl wie Blumenkohl, Romanesco, Broccoli, Grünkohl und Spargelkohl vorziehen. Diese Kohlarten werden Mitte Mai ausgesät. Winter-Porree wird, wie die Staudensellerie, im März gesät und später verpflanzt. Pflücksalat solltest du Mitte Juni säen und Buschbohnen bis Ende Juli. So wird auch das Anzuchtbeet das ganze Jahr über genutzt.

Im achten Beet kannst du wieder Erdbeeren anpflanze, oder auch andere Gemüsekulturen wie Mangold, Tomaten oder Zucchini. Zu Mangold kannst du gut Kapuzinerkresse, Fenchel oder Broccoli anpflanzen. Zu Tomaten passen verschiedene Salate, Basilikum, Kamille und Petersilie und zu Zucchini passen gut Zwiebeln, Petunien oder auch Mais.

Diesen Plan kannst du auf einem Platz von 10 x 12 m gut realisieren. Du siehst, dass du durch die unterschiedlichen Kulturen sowie auch ihre Begleiter eine große Artenvielfalt erzeugen und das ganze Jahr über ernten kannst – vergiss nicht den Winter! Kartoffeln, Schwarzwurzeln und Wintersalate anpflanzen ist eine tolle Methode, um die Beete auch im Winter gut zu nutzen.

Hast du diese ausführliche Gartenplanung, bestehend aus Beobachten, Analysieren, Designen und Planen, geschafft, steht der Umsetzung nichts mehr im Wege.

Die Jungpflanzenanzucht

Wenn du deinen Garten planst und anlegst, musst du dich auch fragen, ob du Jungpflanzen selbst ziehst. Das braucht Platz und auch etwas Zeit, spart dir aber Geld und du bist unabhängig von Gartencentern.

Im Februar kannst du nun mit dem Vorziehen beginnen. Am wichtigsten dabei ist, dass die jungen Pflanzen genug Licht bekommen. In den meisten Wohnungen ist das gar nicht mal so einfach. Deswegen geht das klassische Vorziehen auf der Fensterbank häufig schief. Du kannst stattdessen LED-Grow-Panels nutzen. Diese versorgen die Pflänzchen mit allen notwendigen Lichtfarben, die sie benötigen, um ordentlich wachsen zu können. Wenn du diese Pflanzenlichter nicht anschaffen kannst oder möchtest, sollten die Jungpflanzen auf jeden Fall an einem Südfenster stehen, da bekommen sie am meisten Licht. Mit den Pflanzenlichtern sind die Ergebnisse aber sehr viel besser.

Als Erde eignet sich gereifter und gesiebter Kompost oder fertige Anzuchterde. Du kannst Anzuchterde auch selbst zusammen mischen, Kompost ist aber ein wunderbarer und nährstoffreicher Ersatz.

Anzuchterde selbst herstellen

Um Anzuchterde selbst zu mischen, brauchst du gar nicht so viele Zutaten: jeweils ein Drittel Gartenerde, Kompost und Sand mittlerer Körnung (bei mittelgroßer Korngröße haben die Körner einen Durchmesser von 0,25–0,5 mm).

Die Gartenerde muss locker und möglichst frei von Unkrautsamen sein. Benutze also nicht die Erde aus der oberen Bodenschicht, sondern grabe 5–10 cm in die Tiefe. Du kannst auch wunderbar die Erde eines Maulwurfhügels nutzen, die hat der Maulwurf schließlich aus der Tiefe nach oben geschaufelt.

Die einzelnen Bestandteile siebst du dann gut durch und vermischt sie ordentlich. Du musst die Anzuchterde vor Gebrauch sterilisieren, um Fäulnis- und Schimmelpilze, Unkrautsamen und Larven der Trauermücke zu entfernen. Das Sterilisieren kannst du ganz einfach im Backofen machen. Gib die Erde dafür auf ein Backblech und erhitze sie im Ofen für etwa 45 Minuten bei 120 Grad. Danach muss die Erde noch abkühlen und schon kannst du sie für die Anzucht nutzen.

Du kannst noch Perlite in die Erde geben. Das sind kleine Steine, die viel Wasser speichern und den Boden lockern. So wird also die Durchlüftung gefördert und die Keimrate wird erhöht. Steinmehl und Algenkalk haben sich auch als Zugabe bewährt, um die Grundversorgung mit Spurenelementen sicherzustellen.

Töpfe für die Anzucht

Als Töpfe kannst du allerlei benutzen, am schönsten ist es natürlich, wenn du etwas recycelst. Du kannst Margarine-Packungen oder Tetra Paks benutzen und damit auch Abfall sparen. Gebrauchte Töpfe musst du aber gründlich reinigen, damit du ausschließen kannst, dass die Jungpflanzen Krankheitserregern ausgesetzt sind.

Hast du eine große Menge an Jungpflanzen, eignen sich sonst auch Anzuchtplatten gut. Anzuchtplatten sind Platten aus kleinen Anzuchttöpfen, du kannst also viele Pflanzen auf einmal auf kleinem Raum anpflanzen. Die Platten kannst du gut über mehrere Jahre verwenden. Es gibt sie in verschiedenen Größen, denn verschiedene Pflanzen brauchen auch verschiedene Topfgrößen. Außerdem lassen sich die Platten besser transportieren als ein Dutzend Margarine-Packungen.

Das Vorkeimen

Der Zeitpunkt der Aussaat steht auf den Saatgut-Päckchen und daran solltest du dich auch halten. Einige Samen solltest du vorher vorkeimen, bevor sie in die Töpfe kommen. Damit bietest du ihnen den perfekten Start. Du solltest Samen vorkeimen von Pflanzen, die die Wärme mögen, wie Aubergine, Paprika oder Tomaten. So ist gewährleistet, dass sie es warm genug haben und gut aufgehen. Auch wenn du sichergehen willst, dass genug Pflanzen aufgehen, solltest du vorkeimen, um das besser kontrollieren zu können. So kannst du auch Saatgut sparen. Auch bei langsam keimenden Pflanzen, wie die Pastinake oder Möhre, lohnt sich Vorkeimen.

Je nach Art der Pflanzen, gibt es verschiedene Methoden, um die Samen vorzukeimen.

Große Samen, wie die von Erbsen, kannst du gut in Wasser vorkeimen lassen. Einen Tag vor der Aussaat gibst du die Samen in ein Glas oder eine Schüssel mit Wasser. Dadurch quellen sie auf und gehen im Boden schneller auf.

Mittelgroße Samen kannst du gut in einem Tütchen vorkeimen lassen. Dafür brauchst du einen Zip-Beutel und ein feuchtes Küchentuch. Verteile die Samen auf der einen Hälfte des feuchten Küchentuchs und falte das Tuch dann zusammen. Packe das Tuch in die Tüte, mach sie zu und – fertig. Die Tüte hält das Tuch stets feucht und die Samen keimen ideal vor. Je nach bevorzugter Keimtemperatur der einzelnen Pflanzen, legst du die Tüte in die Nähe einer Wärmequelle (zum Beispiel eine Heizung) oder an einen kühleren Platz. Kontrolliere dann jeden Tag die Samen. Manchmal geht das Keimen sehr schnell und dann müssen die Samen in die Erde.

Kleine Samen keimst du am besten in Gel vor. Zuerst lässt du sie in Wasser quellen, wie auch die Erbsen. Haben sich bei den Samen die ersten Keime gebildet, packst du sie in eine Art Gel, das du aus Wasser und Stärke leicht selbst herstellen kannst. Koche einen Becher Wasser auf, rühre zwei Esslöffel Stärke ein und rühre so lange bei hoher Hitze, bis ein Gel entsteht. Warte, bis es komplett ausgekühlt ist und gib dann die Samen dazu. Durch das Gel verteilen sich die Samen besser. Packe die Mischung dann in einen Zip-Beutel, die Samen können in der Mischung noch weiter keimen, das eignet sich vor allem für langsam keimende Samen, wie Möhren. Ist der Aussaatzeitpunkt gekommen, schneide unten eine Ecke des Beutels ab und gebe die Saat-Gel-Mischung damit auf dein Beet, als würdest du mit einem Spritzbeutel einen Kuchen garnieren. Durch das Gel sind die Samen gut verteilt und keimen schneller und regelmäßiger.

Neben dem Zeitpunkt des Aussäens wird auch die Aussaattiefe häufig auf Packungen angegeben. Generell gilt, dass größere Samen tiefer in die Erde kommen, als kleinere.

Beschrifte die Töpfe auf jeden Fall, damit du nicht vergisst, wo was wächst.

Achte auch darauf, dass vielen Pflanzen es im Wohnzimmer schnell zu warm wird. Verlagere die Anzuchtstationen zeitig in einen kühleren Raum.

Wässern tust du die Jungpflanzen meist von unten, also so, dass du das Wasser in die Unterlage gibst. Aber nicht zu oft wässern! Während der Keimzeit hältst du die Erde stets feucht, wenn die Pflanzen aber aufgegangen sind, kannst du die Erde fast austrocknen lassen, bevor du sie wieder wässerst. So kannst du das Wurzelwachstum anregen.

Wenn die Pflanzen erste richtige Blätter haben, musst du sie pikieren, also in einzelne Töpfe umsetzen. Nur große Samen oder Pflanzen, die das Umpflanzen nicht mögen, wie zum Beispiel Zucchini, setzt du direkt in separate Töpfe.

Die Pflanzen werden zum Pikieren mit beispielsweise einem Holzstab aus der Erde entnommen und dann in einen neuen Topf gepflanzt. Drücke die Wurzeln dabei mit dem Holzstab gut nach unten, damit sie alle gut in der Erde stecken und sie mit Erde bedeckt sind. Vergiss nicht das Angießen!

Du solltest ungefähr eine Woche vor dem Anpflanzen die kleinen Jungpflanzen schon nach draußen stellen, damit sie sich an das Wetter und den Wind gewöhnen – du härtest sie also ab. Sind sie dann draußen im Beet, kannst du sie anfangs mit einem Marmeladenglas vor Schnecken und sehr kalten Temperaturen schützen.

Fehler bei der Anzucht

Bei der Jungpflanzenanzucht kannst du schnell einige Fehler machen, die du aber gut umgehen kannst, wenn du sie kennst.

1. Fehler: Gemüse zu früh anziehen

Bestimmt kannst du es nicht erwarten, endlich mit deinem Garten loszulegen . Du tust deinen Pflanzen aber keinen Gefallen damit, wenn du sie früher als gedacht anziehst. Die Pflanzen müssen dann viel zu lange im Haus warten, bis sie endlich in die Beete können. Halte dich bei der Anzucht also auf jeden Fall an die Zeiten auf den Saatpäckchen, sonst werden deine Jungpflanzen unglücklich in den kleinen Töpfen.

2. Fehler: Lichtkeimer begraben

Es gibt Samen, die Licht brauchen, um zu keimen. Zum Beispiel sind Basilikum, Sellerie und Salat solche Kandidaten. Sie wollen höchstens hauchdünn mit Erde bedeckt werden, um überhaupt keimen zu können. Achte also darauf, was für eine Art Saat du vor dir hast, damit du nicht wochenlang auf Keime wartest und nichts passiert, weil sie zu wenig Licht bekommen.

3. Fehler: Pikierte Kürbisse

Kürbisgewächse, also auch Zucchini, Gurken und auch Melonen mögen es nicht, pikiert zu werden. Pflanze diese Arten also in einzelnen Töpfen, die groß genug sind, dass sie bis zum Auspflanzen darin bleiben können.

4. Fehler: Schlechte Keimfähigkeit

Es kann sein, dass gelagertes Saatgut schon nach einem Jahr nicht mehr wirklich keimen will. Eigentlich kannst du Saatgut wunderbar über mehrere Jahre lagern. Die Keimfähigkeit nimmt natürlich mit der Zeit etwas ab, ist aber noch verwendbar. Nur bei manchen Pflanzen wie der Pastinake oder dem Sellerie ist die Keimfähigkeit sehr kurz. Mach bei diesen Arten einen Keimfähigkeitstest, bevor du die Samen aussäst. Für den Test streust du ein paar Samen auf ein Küchentuch und befeuchtest dieses. Warte dann ein paar Tage und schon kannst du sehen, wie viel Samen gekeimt haben. Sind zum Beispiel von circa 100 Samen nur 10 Samen aufgegangen, hast du eine Keimfähigkeit von knapp 10 Prozent, was nicht optimal ist. So kannst du aber einschätzen, dass du mehr Saatgut aussäen musst, um Ergebnisse zu erzielen, als wenn du eine Keimfähigkeit von 70 oder 80 Prozent hättest. Bei älterem Saatgut lohnt sich ein Keimtest auf jeden Fall, damit du keine bösen Überraschungen erlebst.

5. Fehler: Auf der Fensterbank vorziehen

Es ist schwierig, Jungpflanzen auf der Fensterbank zu ziehen, weil sie da kaum genug Licht bekommen. Selbst am Südfenster reicht es oftmals nicht. Mit den schon genannten Pflanzlichtern, kannst du dem gut Abhilfe verschaffen. Du kannst mit einer Zeitschaltuhr auch die Stundenanzahl einstellen, die die Lampen brennen sollen. Dann kannst du sicher sein, dass deine kleine Pflänzchen genug Licht bekommen. Es ist auch ohne die Lichter möglich, die Pflanzen zum Wachsen zu bringen, die Ergebnisse sind aber oft kleiner und nicht so kräftig.

6. Fehler: Die falsche Temperatur

Wenn deine Jungpflanzen nicht richtig hochkommen oder gelblich sind, kann das nicht nur am Licht liegen, sondern auch an der Temperatur. Kuschelige 20 Grad sind für viele Jungpflanzen zu warm. 16-17 Grad haben sich als eine gute Temperatur für die Anzucht gezeigt. Stelle die Pflanzen also in einen Raum, der nicht die ganze Zeit beheizt wird, zum Beispiel ein Flur.

7. Fehler: Falsche Pflanzen vorziehen

Es gibt Gemüsesorten, die es nicht mögen, vorgezogen zu werden: Dazu zählt beispielsweise das Wurzelgemüse. Du kannst dir also merken: Bei Pflanzen wie Karotten, Rote Beete oder auch Pastinaken, deren Wurzeln du ernten möchtest, lohnt sich das Vorziehen nicht.

Generell kann man sagen, dass das Gemüse, das nicht vorgezogen wird, die Tortur des Umtopfens nicht mitmachen muss und dadurch viel tiefere und bessere Wurzeln bilden kann. Versuche daher, so viel wie möglich im Beet direkt auszusäen, diese Pflanzen können durch die tieferen Wurzeln besser mit Trockenheit umgehen. Im Haus vorziehen solltest du wärmeliebende Pflanzen, wie Tomaten oder Auberginen, viel kannst du aber tatsächlich im Garten direkt aussäen, wie Zwiebeln, Radieschen, Salate, Bohnen oder Erbsen.

Wenn du die Anzucht und Aussaat nun geplant hast, geht es daran, sich Saatgut zu bestellen und zu organisieren.

Das Saatgut

Bevor du Saatgut kaufst, geh erst einmal deine Altbestände durch, wenn du noch welche hast. Mach den Keimtest, falls deine Altbestände schon etwas länger herumliegen.

Saatgut gibt es in Baumärkten, Gartencentern, in Online-Shops und auch manchmal in Supermärkten. Aber Saatgut ist nicht gleich Saatgut und wo du welches Saatgut kaufst, ist sehr wichtig.

Wenn du in deinem Permakultur Garten biologisch wirtschaftest und keinen Kunstdünger benutzt, möchtest du auch Pflanzen ziehen, die damit umgehen können und schon seit Generationen so angebaut werden – greif also auf Bio-Saatgut zurück.

Allerdings sind die Bestimmungen für Bio-Saatgut nicht sonderlich genau. Samen können nämlich schon dann als „Bio" gekennzeichnet werden, wenn die Mutterpflanze über eine Saison hinweg in einem biologischen Anbau stand. Es macht auch keinen Unterschied, ob diese Mutterpflanze hier oder in Afrika angebaut wurde. Mit Bio-Saatgut hast du also nicht selbstverständlich robuste und standortfeste Pflanzen. Achte also nicht nur auf das Bio-Siegel, sondern auch auf die Herkunft und die Philosophie des Züchters.

Es gibt auch sogenannte „Hybridsorten". Die erkennst du an der F1-Deklaration auf der Samentüte. Diese Sorten stammen aus dem Labor, indem über Generationen hinweg in der Vater- und Mutterlinie Inzucht betrieben wurde, sodass sie dann letztlich komplett degeneriert sind. Die werden dann gekreuzt, wodurch neues Genmaterial entsteht. Diese Pflanzensorten sind eine genetische Sackgasse, sie können sich also nicht vermehren. Du müsstest also immer wieder neues Saatgut kaufen. Damit machen die Großkonzerne viel Geld und die Bauern und Gärtner gucken in die Röhre. Die Hybridsorten verdrängen die standortfesten, robusten Sorten vom Markt. Artenvielfalt ist aber wichtig. Greif also auf die alten, natürlich entstandenen Sorten zurück. Wenn nämlich immer mehr Arten verschwinden, gibt es immer mehr Monokulturen. Die können in Zeiten des Klimawandels nicht das leisten, was eine Mischkultur aus robusten und standortangepassten Pflanzen schafft. Denn die Vielfalt macht den Garten widerstandsfähig und unterstützt auch die wichtigen Insekten. Es gibt Züchter und Initiativen, die die alten Sorten erhalten wollen und bei denen du guten Gewissens dein Saatgut kaufen kannst. Dreschflegel, Demeter und Culinaris sind einige Beispiele.

Du kannst auch Sorten selbst vermehren. Bei Gemüsesorten wie Bohnen, Erbsen und Tomaten, ist es ziemlich einfach, sie selbst zu vermehren. Tomaten können sich selbst befruchten. So kreuzen sich unterschiedliche Sorten nicht. Das gilt auch für den Fall, dass sie nebeneinander stehen. Bei anderen Gemüsesorten, wie bei Salat, ist das etwas anderes. Die solltest du einzeln voneinander blühen lassen, also nur eine Sorte im Jahr, weil die sich sonst untereinander kreuzen würden. Andere Gemüsearten, wie zum Beispiel Rote Beete, Kohl oder Möhren, blühen erst im zweiten Jahr, du bekommst also erst dann Saatgut. Damit du diese Pflanzen nachzüchten kannst, müssen sie im Keller überwintern und werden danach wieder ausgepflanzt. Das ist tatsächlich etwas kompliziert. Du kannst für dich selbst entscheiden, ob sich das für dich lohnt.

Egal welches Gemüse du selbst nachzüchten möchtest, es gilt für alle, dass du mindestens 15 Exemplare blühen lassen musst, damit du nicht nach einigen Generationen Probleme mit Inzucht bekommst, weil es zu wenig Genmaterial gibt, weil du von zu wenig Pflanzen Samen hast. Es braucht also eine recht große Fläche für ein Beet, um Samen selbst zu produzieren.

Wenn du Saatgut hast, musst du es natürlich auch lagern. Eine gute Idee ist es, dein Saatgut nach Pflanzenfamilien zu sortieren oder du sortierst nach Blattgemüse, Fruchtgemüse, Blumen, Wurzelgemüse... Kategorien, egal welcher Art, erleichtern dir vieles.

Um in deiner Saatkiste nach Kategorien zu sortieren, kannst du aus Karton mehrere Reiter zurechtschneiden und so die Kiste unterteilen.

Beim Lagern ist es wichtig, dass das Saatgut immer trocken, dunkel und kühl verstaut ist. Wenn du welche hast, kannst du Päckchen mit Silizium-Kugeln in die Kiste packen, die nehmen die Feuchtigkeit aus der Umgebung auf. Diese Päckchen findet man oft in Schuhkartons, bewahre die also für dein Saatgut auf! So kann deinem Saatgut nichts passieren und du kannst es eine lange Zeit benutzen.

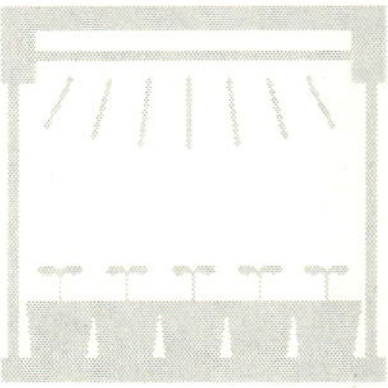

Mischkultur

Damit deine Permakultur sich selbst versorgen kann und nicht krank wird, gibt es Mischkulturen, die du gezielt anlegen kannst. Sie sind das Gegenteil der konventionellen Monokulturen und haben viele Vorteile. So gibt es in Monokulturen oft Probleme mit der Nährstoffversorgung, da die gleichen Pflanzen natürlich die gleichen Nährstoffe brauchen und der Boden nicht genug nachliefern kann. Die Konsequenz sind starke Düngemittel, die der Umwelt schaden. In der Mischkultur gibt es keinen Nährstoffmangel, da, wenn sie richtig angelegt ist, die Pflanzen sich die Nährstoffe teilen und der Boden für alle ausreichend sorgen kann. So können sich auch weniger Krankheiten und Schädlinge ausbreiten, da verschiedene Pflanzen auch verschiedene Krankheiten bekommen. Du lernst in diesem Kapitel, was Mischkulturen genau sind, wie Pflanzen zusammenarbeiten, welche Pflanzen gut zusammen passen und welche sich gegenseitig schaden.

Du kannst mit einer Mischkultur für Abwechslung sorgen, wodurch sich die Pflanzen prächtig entwickeln und sich gegenseitig vor Schädlingen schützen können. Wenn man es genau nimmt, gibt es neben der Mischkultur noch die Zwischenkultur. In einer Mischkultur stehen die Pflanzen innerhalb der Reihe gemischt, bei einer Zwischenkultur stehen die verschiedenen Pflanzenreihen nebeneinander. Du musst die Unterscheidung aber nicht allzu genau umsetzen: hast du zwischen zwei Pflanzen Platz für Knoblauch, kannst du ihn dazwischen packen. Wenn kein Platz ist, wird er eben daneben gepflanzt. So kannst du die Fläche optimal nutzen und Krankheiten, Schädlinge und Unkräuter haben es schwer. Du musst natürlich darauf achten, dass sich die

Kulturen verstehen und zueinander passen, dann steht deinem gesunden Garten nichts mehr im Wege.

Die Vorteile einer Mischkultur

Viele Regeln für das Kombinieren von Pflanzen lassen sich durch das Beobachten der Wirkungen der verschiedenen Pflanzen aufeinander definieren. Es gibt aber auch einige allgemeine Prinzipien, die für eine gelungene Mischkultur wichtig sind und diese optimal gestalten.

- Wenn du Flach-, Mittel- und Tiefwurzler kombinierst, wird der Wurzelraum des Beets optimal genutzt.
- Es ist optimal, verschiedene Nährstoffe zu mischen. Zum Beispiel brauchen Pflanzen mit viel Blattmasse Stickstoff, Pflanzen, die dagegen eher vor allem Stämme und Äste ausgebildet werden, brauchen Kalium. Und Pflanzen mit viel Frucht brauchen Phosphor.
- Pflanzen, die aus derselben Pflanzenfamilie stammen, vertragen sich meistens nicht miteinander, die Pflanzenfamilien sollten sich also gut durchmischen.

Es gibt viele Vorteile einer Mischkultur. Die Art des gemischten Anbaus ist abgeguckt von natürlich entstandenen Ökosystemen, in denen verschiedene Pflanzenarten nebeneinander und zusammen existieren. Dadurch wird der vorgegebene Platz optimal genutzt, weil die eingesetzten Pflanzen verschiedene Höhen erreichen. Zudem teilt sich durch die unterschiedlichen Wurzeltiefen auch unter der Erde der Raum. Durch die unterschiedlichen Pflanzenhöhen wird der Boden gut beschattet und dadurch vor Trockenheit geschützt und durch die unterschiedlichen Wurzeltiefen trägt der Regen ihn nicht mehr so leicht ab, da er sozusagen „zusammen gehalten" wird. Dadurch, dass du die verschiedenen Ebenen des Bodens und auch verschieden hohe Pflanzen nutzt, kannst du dein Beet viel enger bepflanzen und dadurch mehr anbauen. Die Erträge werden mehr, nicht nur wegen der Menge der Pflanzen, sondern auch, weil der Boden und das Biotop gesünder sind, als in einer künstlichen Monokultur. Die Natur weiß immer noch am besten, was gut ist.

Außerdem unterstützen sich verschiedene Pflanzen gegenseitig. Denn manche Pflanzen verströmen zum Beispiel Duftstoffe, die von anderen Pflanzen Schädlinge fernhalten oder auch die Abwehr von Krankheiten erhöhen. Durch das Mischen können sich spezialisierte Schädlinge nicht so leicht ausbreiten. Hast du zum Beispiel einen Schädling im Beet, der besonders gern Kartoffeln mag, die Kartoffelpflanzen aber von Dicken Bohnen umgeben sind, bleiben die verschont und du verlierst nicht das ganze Beet. Du kannst den Schädling auf übersichtlichem Raum bekämpfen und sicherst so den Gesamtertrag.

Es gibt Pflanzenkombinationen, die sich gegenseitig ergänzen und so einen besseren Geschmack erzeugen. Zum Beispiel schmecken Kartoffeln besonders gut, wenn sie in der Nähe von Kümmel und Koriander stehen, auch Möhren und Dill haben einen positiven Effekt auf den Geschmack von Kartoffeln. Radieschen schmecken intensiver, wenn du Kresse daneben pflanzt!

Um ausschließlich die Vorteile der Mischkultur nutzen zu können, musst du einige Voraussetzungen beachten. Wähle also einen Standort, der für alle Pflanzen geeignet ist. Bereite den Boden vor, indem du ihn lockerst und dann Humus, Kompost und Dung einarbeitest. So kann die bunte Gemeinschaft aus Pflanzen die natürlichen Stärken perfekt ausspielen.

Auch ein Blick auf die gegenteilige Monokultur zeigt die Wichtigkeit der Mischkultur. Denn das Anbauen von biologisch identischen Pflanzen hat zahlreiche, negative Auswirkungen, wie zum Beispiel viele Krankheiten, großflächige Schädlingsbefälle und ein hoher Nährstoffverbrauch. Die Landwirtschaft behilft sich daher mit chemischen Helferlein. Die Anwendung von diesen Pestiziden und Kunstdüngern schadet aber der Umwelt und auch der menschlichen Gesundheit. Die natürlichen Mischkulturen helfen der Natur und sind auch gut für die Tierwelt, da sie viele Lebensräume und ausreichend Nahrung bieten. Die Monokultur im Gegensatz dazu hilft den Tieren wenig bis gar nicht.

Eine Mischkultur anlegen

Auch wenn du nur wenig Platz hast, kannst du immer noch eine reiche und diverse Ernte haben – und das dank der Mischkultur. Schon eine Fläche von 20 qm reicht für eine bunte Anzahl von Pflanzen. Mit einem gut angepassten Anbauplan kannst du wunderbar von Frühjahr bis Herbst ernten. Du kannst Ende März zum Beispiel Spinat säen, den du schon im April erntest. Die Pflanzen lässt du im Beet als Gründüngung. Zwischen den Spinat kannst du andere Frühgemüse wie Dill, Radieschen, Möhren oder Zucchini pflanzen. Im Frühsommer werden sie abgelöst von verschiedenen Kopfsalaten oder Grünkohl. So kannst du das ganze Jahr über ernten und hast immer anderes Gemüse.

Auch Kräuter kannst du gut für deine Mischkultur im Gemüsebeet dazu nehmen. So kannst du Schnittlauch wunderbar als Umrandung des Beetes für deine Erdbeeren benutzen, er ist mit seinen violetten

Blüten sehr dekorativ und hält durch seine ätherischen Öle Grauschimmel fern.

Borretsch sichert das Befruchten, denn er lockt zuverlässig Blütenbestäuber, wie Bienen, in deinen Garten. Halte aber auf jeden Fall den Abstand zwischen Pflanzen ein, die derselben Pflanzenfamilie angehören. Vor allem gilt das für die Pflanzen, die mehrere Wochen oder sogar Monate im Beet bleiben. So dürfen Kohl und andere Kreuzblütler erst nach vier Jahren wieder im gleichen Beet stehen! Sonst droht eine Infektion mit der Kohlhernie. Auch Doldenblütler, wie Sellerie, Möhren oder Petersilie, und Schmetterlingsblütler, wie Bohnen oder Erbsen, bekommen Krankheiten und verkümmern, wenn sie kurz hintereinander gepflanzt werden.

1. Wo fühlen die Pflanzen sich wohl?
2. Welchen Pflanzenfamilien gehören sie an?
3. Welche Pflanzen brauchen wie viel Platz?
4. Haben alle genug Nährstoffe und Wasser?
5. Haben alle Pflanzen ihre geeigneten Beetpartner?

Wenn du 5 Punkte berücksichtigst, kannst du eine erfolgreiche Mischkultur einfach selbst anlegen.

Du musst aber nicht alle Punkte perfekt einhalten! Du kannst den Pflanzen schon viel Gutes tun, wenn du die Standortvorlieben und Nährstoffbedürfnisse beachtest. So kannst du schon vielen Schädlingen vorbeugen und eine reichhaltige Ernte erzielen!

1. Wo fühlen die Pflanzen sich wohl?

Wenn der Stickstoffgehalt im Boden sehr hoch ist, fühlen sich dort vor allem Starkzehrer wohl. Ist der Boden eher nährstoffarm, fühlen sich doch Schwachzehrer wohler. Hast du einen stark gedüngten Boden, solltest du vor allem Starkzehrer pflanzen oder eine Kombination aus Mittel- und Starkzehrern. Wenn du ein Beet mit Langzeitdünger vor dir hast, kannst du auch vereinzelt einige Schwachzehrer setzen, da der Langzeitdünger langsam und mild düngt – ganz optimal ist das aber nicht.

Eigentlich stehen alle Gemüsesorten gerne in einem lockeren, gesunden Boden. Der Anbau ist etwas schwieriger, wenn du einen lehmigen, schweren Boden im Beet hast. Der Vorteil ist, dass er Nährstoffe und Wasser gut speichert. Pflanzen, wie Gurken, Zucchini oder Tomaten wachsen gut auf diesem Boden. Die Optimierung deines Bodens lohnt sich aber auf jeden Fall, um auch andere Gemüse, wie Salat oder Wurzelgemüse, anbauen zu können.

Neben dem Boden musst du auch das Licht beachten. Das meiste Gemüse mag es sonnig und ist mit einem Standort in der Sonne sehr glücklich. Rhabarber und Süßkartoffeln können auch im Halbschatten stehen und Wasabi mag nur Schatten. Ansonsten kannst du aber alles in die Sonne setzen.

2. Welchen Pflanzenfamilien gehören sie an?

Einige Krankheitserreger haben sich auf spezielle Pflanzenfamilien beschränkt. So sind Kreuzblütler anfällig für die Kohlhernie und Nachtschattengewächse dafür für die Braunfäule. Mischst du die Pflanzenarten aus verschiedenen Familien, beugst du einem großflächigen Befall vor. Wenn du auch die zeitlichen Abstände einhältst, wie bei

Kohl die 4 Jahre, kannst du dem Befall noch besser entgehen. Denn die Schädlinge überwintern und können das Gemüse auch im nächsten Frühjahr noch angreifen. Mach dir deswegen Notizen, wann du wo welche Pflanzen stehen hattest, damit du nicht aus Versehen doch zweimal dieselbe Pflanzenfamilie hintereinander anbaust.

3. Welche Pflanzen brauchen wie viel Platz?

Du musst auch die Größe und die Wuchsform deiner Pflanzen beachten. Achte bei der Bepflanzung unbedingt darauf, zwischen den einzelnen Pflanzen stets ausreichend Platz zu lassen, damit auch kleinere Exemplare immer ausreichend Licht und Wasser zum Wachsen bekommen. So nehmen sie sich auch nicht die Nährstoffe und das Wasser gegenseitig weg. Außerdem zirkuliert zwischen Pflanzen, die genug Abstand zwischen sich haben, die Luft. Das kann Schädlingen vorbeugen.

Pflanzen, die sehr breit werden, benötigen mehr Platz im Beet als hochrankende Exemplare. Diese Höhe ist aber genauso wichtig zu beachten, wie der Platz. Hohe Pflanzen können kleinen Pflanzen schnell das Licht wegnehmen. Du kannst die großen Pflanzen zum Beispiel gen Norden anordnen oder nah an einer Hauswand. Setze dann die kleinen Pflanzen davor, so bekommen sie auf jeden Fall genug Licht.

Hast du ein kleines Beet, kannst du die Wuchsform für dich nutzen. Tomaten kannst du hochbinden und damit in die Höhe züchten, um diesen Platz auszunutzen. Hast du ein Hochbeet, kannst du zum Beispiel Melonen nach unten wachsen lassen, um auch diesen Raum zu nutzen. Hast du besonders kleine Beete, bieten sich kompakte Pflanzen an, wie Kräuter, Salate, Radieschen, Kohlrabi oder Lauch.

4. Haben alle genug Nährstoffe und Wasser?

Es gibt Tiefwurzler, die sich ihre Nährstoffe aus den tiefen Erdschichten holen. Dazu zählen zum Beispiel Lupinen und Artischocken.

Die Flachwurzler holen sich die Nährstoffe aus den oberen Erdschichten. Dazu zählen zum Beispiel Kartoffeln oder Feldsalat.

Möhren können Wurzeln bilden, die in der Mitte der Flach- und Tiefwurzler sind und Pflanzen wie die Tomate, der Kürbis und die Gurke können je nach Situation flache oder auch tiefe Wurzeln bilden.

Diese Unterscheidung genügt allerdings noch nicht. Denn Kartoffeln zum Beispiel entwickeln zwar flache Wurzeln, sitzen aber tiefer in der Erde als zum Beispiel Feldsalat, daher sitzen die Wurzeln der Kartoffeln trotzdem tiefer, als die des Feldsalats. Die Kartoffeln holen sich die Nährstoffe aus den Erdschichten der Tiefwurzler, obwohl sie als Flachwurzler gelten. Das musst du beachten, damit alle Pflanzen genug Nährstoffe bekommen. Am besten kombinierst du Ausführungen, die bevorzugt an den oberen Erdschichten Nährstoffe abgreifen mit solchen, die eher in den unteren Schichten aktiv sind. Auf diese Weise vermeidest du, dass die Pflanzen um Wasser und alle wichtigen Stoffe konkurrieren.

5. Haben alle Pflanzen ihre geeigneten Beetpartner?

Manche Pflanzen schützen sich selbst durch Duft- und Wurzelausscheidungen vor Schädlingen und können diesen Schutz auch auf ihre Beetnachbarn auswerten. Einige Pflanzen kommen nicht miteinander klar, weil sie unterschiedliche Nährstoffbedürfnisse haben oder sogar von den gleichen Schädlingen befallen werden.

Du kannst auch Blumen und Kräuter in deine Mischkultur mixen. So lockt der Basilikum Bienen an, die sich dann an den Blüten des

Fruchtgemüses austoben. Studenten- und Ringelblumen helfen gegen Fadenwürmer, die häufig Möhren, Lauch, Sellerie oder auch Erbsen und Salat befallen.

Du siehst, dass es sich lohnt, bestimmte Pflanzen nebeneinander zu setzen, weil sie sich gegenseitig helfen und sich nichts wegnehmen.

Gute Nachbarschaft – wer profitiert von wem?

Das Paradebeispiel guter Nachbarschaft ist das Duo Möhre und Zwiebel. So wehrt die Möhre die Zwiebelfliege zuversichtlich ab und die Zwiebel wehrt die Möhrenfliege ab. In manchen Allianzen opfert sich eine Pflanze für die andere. Zum Beispiel lockt der Meerrettich den Kartoffelkäfer auf sich und die Kartoffelpflanze bleibt dadurch unbehelligt.

Bewährte Dream-Teams sind zum Beispiel Kohl zusammen mit Tomaten, sie schützen den Kohl vor Kohlfliegen, Erdflöhen und der Kohleule. Die Tomate wiederum mag gern Zwiebeln oder Petersilie bei sich haben, diese schützen sie vor der Krautfäule. Erbsen geben Gurken einen natürlichen Windschutz, Mais ist für Bohnen eine natürliche Rankhilfe und die Bohnen wiederum belüften den Boden für den Mais und versorgen ihn mit Stickstoff. Es gibt ausführliche Tabellen, in denen du nachgucken kannst, welche Pflanzen sich gut vertragen.

Es gibt nämlich auch die andere Seite, die du beachten musst: Die Kehrseite der Mischkultur ist die schlechte Kombination von Pflanzen. Denn nicht alle Pflanzen können beieinander stehen und beeinträchtigen sich gegenseitig in Vitalität und Wachstum. So können Bohnen nicht zusammen mit Möhren, Erbsen, Tomaten, Gurken oder Porree stehen und Tomaten nicht mit Bohnen, Kartoffeln, Gurken, Zwiebeln, Erbsen oder Rote Beete.

Die fehlende Sympathie geht über direkte Nachbarschaft oft hinaus. So ist es nicht zu empfehlen, Gurken direkt nach Möhren anzubauen, weil der Boden mit Nematoden verseucht sein könnte. Auch nach Kartoffeln solltest du keine Gurken pflanzen, weil die Gefahr besteht, dass sich noch Welkepilze im Boden befinden.

Die guten Beziehungen hängen häufig mit ähnlichen Standortvorlieben und Bedürfnissen zusammen und natürlich auch die Eigenschaften. Wie die Schädlingsbekämpfung, haben manche Pflanzen besondere Wirkungen auf andere, wie die Bestäubung sicherstellen oder den Geschmack verbessern.

Unkomplizierte Pflanzen, die sich fast mit allen vertragen, sind zum Beispiel Borretsch, Bohnenkraut, Tagetes, Kapuzinerkresse, Endivien, Dill, Pfefferminze, Pflücksalat, Ringelblumen, Feldsalat, Mangold, Zucchini und Spinat. Auch sind Kürbisse und Artischocken beliebte Nachbarn und eignen sich gut für eine Mischkultur.

Du kannst also nicht nur Gemüse miteinander kombinieren, auch Kräuter können in einer Mischkultur leben.

Kräuter in einer Mischkultur

Auch im Kräuterbeet ist eine Mischkultur produktiv und kann zu der Gesundheit deiner Pflanzen beitragen. Wie die Mischkultur im Gemüsebeet beruht die Sympathie zwischen Kräutern auch auf ihren Bedürfnissen und Eigenschaften. Wenn sie ähnliche Standorte bevorzugen, können sie generell schon mal gut beieinander stehen. Manche Kräuter ziehen auch Nützlinge an, die Schädlinge fressen. Ausscheidungen von manchen Kräutern werden von anderen Kräutern auch wiederverwendet.

Einige Kräuter sind einjährig, andere Sorten sind mehrjährig. Damit du die Wurzeln der mehrjährigen Kräuter nicht beschädigst, wenn du die einjährigen neu pflanzt, solltest du sie nicht nebeneinander pflanzen.

Genau wie bei Gemüse gibt es auch für Kräuter Tabellen mit guten und schlechten Nachbarn. So verträgt sich Basilikum gut mit Petersilie, Rosmarin und Oregano und mag nicht bei Pfefferminze und Zitronenmelisse stehen.

In einer Kräuterschnecke kannst du verschiedene Böden, Wasser- und Lichtverhältnisse schaffen und damit eine ganz diverse Mischkultur erzeugen. Ganz unten kannst du eine Sumpfzone schaffen, vielleicht mit einem kleinen Teich verbunden. Hier stehen Pflanzen, die es gern nass und warm haben, wie die Brunnenkresse, die kriechende Sellerie und die Sedanina.

Dann folgt die Feuchtzone. Der Bereich liegt hinter der Sumpfzone und ist daher immer noch überdurchschnittlich feucht. Hier fühlen sich der ewige Kohl, die Zwerg-Taglilie und die Wildkresse wohl.

Im mittleren Teil der Kräuterschnecke ist die normale Zone, die nicht zu feucht, aber auch nicht zu trocken ist. Hier fühlen sich Johanniskraut, Oregano und Majoran, die Ringelblume und Strauchbasilikum vor.

Die Spitze der Schnecke ist die mediterrane Zone mit einem trockenen, nährstoffarmen Boden. Hier kannst du Thymian, Lavendel, Zwergsalbei und Rosmarin pflanzen.

Die Kräuterschnecke vereint also mehrere Mischkulturen miteinander und sorgt damit für eine reiche und diverse Kräuterernte. Dazu kannst du deinen Platz optimal nutzen und allen Pflanzen auch noch etwas Gutes tun.

Urban Gardening – Permakultur auf kleinstem Raum

Dieses Kapitel zeigt dir, wie du Permakultur Schritt für Schritt auch auf kleinstem Raum in der Stadt anwenden kannst. Hier ist die Permakultur besonders wichtig, um Pflanzen und Tieren einen Platz zu bieten in einer grauen Welt aus Beton, in der sie nicht genügend Raum und Nahrung finden. Du kannst damit nicht nur dir ein nachhaltigeres und gesünderes Leben gestalten, sondern auch den heimischen Pflanzen und Tieren.

Wenn du in der Stadt lebst und trotzdem nicht auf einen Garten verzichten willst, kannst du dich im „Urban Gardening" probieren. Mit diesem Prinzip kannst du auf kleinstem Raum viel Grün erschaffen.

Nach der Permakultur kommt dann noch hinzu, dass du überlegst, wie du dieses Fleckchen Grün der Natur nachempfinden kannst, am besten sollte dieses System natürlich auch dauerhaft funktionieren und sich mit wenig Aufwand selbst erhalten. Es sollte nicht nur schön, sondern auch nützlich sein – und dass nicht nur für uns, sondern auch für die Tierwelt.

In der Stadt wird die Permakultur vor allem in Schrebergärten und in Miet-Gemüse-Gärten betrieben. Auch sind Teil des „Urban Gardening" private Haushalte mit Gärten, Terrassen und Balkonen.

Mit ein wenig Übung kannst Du die Permakultur auch auf den genannten kleinen Flächen durchführen. Dabei erhöhst du deine Erfolgschancen, wenn du das nutzt, was vorhanden ist und stets lernbereit bist.

Am Anfang steht auch hier die Bestandsaufnahme: Welchen Raum hast du zur Verfügung? Welches Mikroklima herrscht? Was für Tiere und Pflanzen sind schon da? Wie kannst du bewässern? Mit welchen Bodentypen und Bodenbeschaffenheiten wirst du arbeiten?

Im nächsten Schritt formulierst du deine Wünsche. Welche Pflanzen möchtest du anbauen? Welche Früchte wirst du ernten? Hast du Platz für einen Teich? Wo kommt die Wildniszone hin?

Am besten pflanzt du mehrjährige, sich selbst vermehrende und widerstandsfähige Pflanzenarten. Kleine Feuchtgebiete, Kräuterschnecken, Rückzugsräume für Nützlinge und Insektenhotels kannst du auch auf kleinstem Raum anbauen. Teiche, Hochbeete, Komposthaufen und Hecken sind dagegen eher etwas für größere Flächen.

Um auf kleinem Raum nachhaltig zu gärtnern, solltest du auch der Wildnis Raum geben. Unberührte Töpfe und auch Ecken dienen als Schattenspender, Windschutz und Lebensraum für Nützlinge. Du kannst auch in Töpfen Pflanzen in mehreren Etagen anbauen, wie in einem Beet: mit Bodendeckern hältst du den Untergrund feucht, die Mitte kannst du mit Tomaten oder Blumen beleben und in die Höhe kann ein kleiner Busch mit Beeren wachsen.

Plane deinen Platz kreativ: lege dunkle Steine aus, denn diese speichern die Wärme. Die Regenrinne kann als Rankhilfe dienen und an der Hauswand finden Insektenhotels ihren Platz. Statt eines Teichs kannst du zum Beispiel eine große Wasserschüssel aufstellen und damit ein Wasser-Biotop schaffen.

Bereite die Kästen und Töpfe gut vor. Sie müssen von unten Luft bekommen und Wasser muss austreten können. Bepflanze sie nicht zu dicht, damit die Wurzeln genug Platz haben und die Nährstoffe nicht zu knapp werden.

Was sich in deiner Mini-Permakultur selbst ansiedelt, sollte auch da bleiben dürfen. Neben dem Überraschungseffekt kannst du dadurch auch viel lernen.

Du kannst bei kleinem Raum auch gut in die Höhe planen und einen vertikalen Garten erzeugen! Das „Vertical Gardening" gibt es schon seit dem letzten Jahrhundert und mit diesem Prinzip werden auch jetzt noch Hauswände mit diversen, heimischen Pflanzen begrünt. Auch in deiner Wohnung kannst du so einen Garten planen. Pflanzen wachsen deine Wände hoch oder können sich von der Decke schlängeln. Du kannst die Pflanzsysteme aus gebrauchten Materialien basteln und damit auch noch Sachen upcyclen!

Zuerst suchst du dir einen geeigneten Platz, um zu beginnen. Vielleicht eine Wand? Eine Leiter? Du kannst PET-Flaschen als Blumentöpfe verwenden und sie an der Wand befestigen. Nutze für den Anfang hierfür am besten klein bleibende Pflanzen, damit deine Konstruktion auch hält.

Eine andere Möglichkeit ist es, Kräuterpaletten zu bauen. Du stellst die Palette dafür hochkant auf und dichtest die Fächer ab. Am einfachsten geht das, indem du ein Brett darunter schraubst. Lege die Fächer dann noch mit Folie aus, damit Erde und Wasser nicht auslaufen kann. Befestige die Palette dann an der Wand. Jetzt kannst du die Fächer mit Kräutern bepflanzen. Da diese ziemlich eng beieinander stehen oder sogar im gleichen Fach, achte bei deiner Kräuterpalette auf die guten und schlechten Beetpartner.

Gemüse kannst du auch vertikal anbauen und zwar in einem Gemüseregal. Das Regal ist deswegen so praktisch, weil du einfach bepflanzte Töpfe ins Regal stellen kannst. Wie du das sortierst und was du anbaust, liegt an dir und natürlich an dem Standort, den du zur Verfügung hast. Du kannst Tomaten, Zwiebeln und Erdbeeren anbauen, aber auch ausgefallene Sorten ausprobieren. In einem vertikalen Gemüseregal kannst du vieles parallel anbauen. Die Pflanzen teilen sich nicht den Boden, deswegen kannst du die Regeln der guten und schlechten Beetpartner etwas lockern.

Das Regal solltest du nach Möglichkeit noch an einer Wand befestigen und die Töpfe sollten auf Untersetzer stehen, damit du nicht das ganze Regal unter Wasser setzt, wenn du Pflanzen gießt.

Du kannst auf kleinem Raum mit kreativen Ideen ein stabiles Ökosystem schaffen und eine große Vielfalt schaffe, die dich lange und ertragreich mit Lebensmitteln versorgt. Wenn du einen Saat- und Erntekalender hast, auch über das ganze Jahr.

Permakultur im ganzen Jahr

Nun erfährst du, wie du die Permakultur optimal nutzt und das ganze Jahr über ernten kannst. So wird deine Permakultur auch wirklich eine permanente Kultur und das ganze Jahr über lebt und gedeiht.

Ab Juli bis Mitte August solltest du daran denken, fleißig Samen auszusäen, damit du zum Winter hin voll entwickelte Pflanzen hast. So kannst du über den Winter hinweg immer wieder etwas ernten. Es ist wichtig so früh zu planen, weil Pflanzen ab September weniger wachsen, deswegen sollten sie dann schon weit in der Entwicklung sein.

Es wachsen natürlich nicht alle Pflanzen im selben Tempo. Spinat, Rucola, Petersilie und auch Radieschen gehören zu den Überfliegern, sie wachsen sehr schnell. Bei diesen Pflanzen reicht es, wenn du sie Mitte August aussäst. Andere Pflanzen wie Kohl, Stangensellerie, Karotten oder Pastinaken brauchen länger zum Wachsen, die solltest du schon Anfang Juli anbauen.

Es gibt verschiedene Möglichkeiten, mit denen du dich das ganze Jahr über mit Gemüse versorgen kannst. Du kannst winterfeste Gemüsesorten direkt aus dem Beet ernten, zum Beispiel Palmkohl, Grünkohl, Schwarzwurzeln, Pastinaken, Karotten und Rosenkohl. Grünkohl und Palmkohl bekommen tatsächlich erst durch Frost ihren typischen Geschmack!

Um zu sehen, wann du was pflanzen und planen kannst, lohnt sich immer ein Blick in die Natur. In unserem Alltag teilen wir das Jahr in 4

Jahreszeiten ein. Die Pflanzenwelt kennt aber tatsächlich 10 Jahreszeiten. Die sogenannten „phänologischen Jahreszeiten" liegen nicht auf einen Tag fest, sondern sind abhängig von Entwicklungen in der Natur, die von Jahr zu Jahr unterschiedlich ausfallen. Die Jahreszeiten werden von sogenannten Zeigerpflanzen angezeigt. Chronologisch heißt das: Der Vorfrühling wird angezeigt von zum Beispiel den Schneeglöckchen und der Hasel. Der Erstfrühling wird eingeläutet von der Kirsche oder der Pflaume und Birne. Der Vollfrühling wird von der Apfelblüte eingeläutet, aber auch von der Rosskastanie und vom Flieder. Dann kommt der Frühsommer, der von der Blüte des Roggens und des Holunders begleitet wird. Im Hochsommer blüht die Linde und die Johannisbeere ist reif. Im Spätsommer blüht die Heide und die frühen Obstsorten sind reif. Im Frühherbst ist die Obsternte auf ihrem Höhepunkt und der Holunder ist reif. Im Vollherbst kannst du Kartoffeln ernten und im Spätherbst kommt die Vegetationszeit zu ihrem Ende. Der Winter letztendlich ist dann die Periode zwischen dem Ende der Vegetationszeit und dem Beginn der Haselblüte.

Du siehst, die Natur hat einen sehr detaillierten Rhythmus, den du bei deinem Saat- und Erntekalender beachten solltest. Der Kalender zeigt dir, wann welche Pflanze in deinem Garten gesät oder geerntet werden kann. In diesem Buch findest du einen Aussaatkalender, der nach verschiedenen Pflanzen eingeteilt wurde und dir die jeweiligen Zeiträume des Aussäens und Erntens zeigt. So kannst du deiner Permakultur den letzten Schliff verleihen und planen, dass du dein ganzes Gartenjahr über dich selbst mit frischem Gemüse und Kräutern versorgst! Eine ausführliche Tabelle für deine Aussaat mit noch mehr Pflanzen, kannst du zum Beispiel bei https://aussaatkalender.com, https://www.plantopedia.de oder https://kraut-kopf.de finden!

Schlusswort

Du hast in den vorherigen Kapiteln gelernt, was wichtig ist, um eine Permakultur zu erstellen. Du hast verschiedene Elemente der Permakultur kennengelernt und wie man sie baut. Du weißt nun, was eine Permakultur ist, was sie ausmacht und was sie bringt. Eine Permakultur hilft der Natur, neue Plätze zu finden, um sich in der industrialisierten Welt nicht zu verlieren und du kannst durch einen natürlich angelegten Garten der Natur, den Tieren und dir selbst etwas Gutes tun. Zu der Permakultur gehören auch Prinzipien, die dein ganzes Leben betreffen. Du siehst, wie wichtig Recycling, Upcycling und Multifunktionalität ist, um den optimalen Nutzen aus allen Ressourcen zu ziehen. So entlastest du die Umwelt und kannst auch Abfall vermeiden. Wenn du eine Permakultur anlegst, unterstützt du den Erhalt von alten Pflanzensorten, denn diese sind besonders geeignet für ein natürliches Ökosystem. Das Anlegen gestaltest du am besten nach dem Zonierungsplan, um eine Ordnung zu haben und dich nicht zu übernehmen. Damit du deinen Garten realistisch gestalten kannst, sind auch die Schritte des Designs und der Planung wichtig. Beginne mit der Beobachtung, die ist das wichtigste in einer Permakultur, denn du willst dich ja an der Natur orientieren!

Du hast auch das Prinzip der Mischkultur kennengelernt und dass es Pflanzen gibt, die miteinander gut auskommen und auch nicht gut miteinander auskommen. So kannst du deinen Garten jetzt besser planen und auch die Nachbarschaften miteinbeziehen, damit es deinen Pflanzen besonders gut geht und sie sich gegenseitig unterstützen können, ganz wie auch in der Natur.

Damit du das ganze Jahr über von deinem Garten leben kannst, kannst du einen Aussaatkalender zu Rate ziehen und mit dessen Hilfe auch deine Anbauplanung gestalten. Auch kannst du die Permakultur in der Stadt anwenden, mithilfe des „Urban Gardening" oder auch des „Vertical Gardening" und dir auch auf kleinstem Raum ein kleines, stabiles Ökosystem erschaffen.

Mit diesen neuen Ideen und Erkenntnissen, kannst du dich jetzt um deinen eigenen Garten kümmern. Kreiere deine Permakultur, genieße die Ernte und beobachte, wie sich Pflanzen und Tiere entwickeln, ansiedeln und vermehren. **Viel Spaß!**

Glossar

Bill Mollisen	Bruce Charles „Bill" Mollisen gilt als einer der Väter der Permakultur
David Holmgren	David Holmgren gilt als einer der Väter der Permakultur
EM-Lösung	Eine Mischung aus verschiedenen, aktiven Mikroorganismen. Sie sorgen für einen lebendigen Boden
Flachwurzler	Wurzeln in den oberen Erdschichten, Tiefwurzler in den tieferen Erdschichten
Fruchtfolge	Der zeitliche Ablauf des Pflanzens und der Nutzung der Beete
Grauwasser	Leicht verschmutztes Wasser, wie das aus der Waschmaschine oder Badewanne
Gründüngung	Gezieltes Anbauen von Pflanzen, um den Boden zu verbessern
Hauptkultur	Die angebaute Kultur mit dem höchsten Wert der Produktion
Humus	Fein zersetzte organische Substanz
Input-Output-Analyse	Die Betrachtung und Abwägung des Produktionsaufwands und des Produktionsausstoßes

Jean-Martin Fortier	Jean-Martin Fortier ist ein Landwirt und Autor, der sich mit nachhaltiger Landwirtschaft beschäftigt
Johann Heinrich von Thünen	Johann Heinrich von Thünen ist ein Wirtschaftswissenschaftler, der mathematische Kenntnisse mit seinen praktischen Erfahrungen der Landwirtschaft vereinte und so das Zonierungskonzept entworfen hat
Kompost	Das Produkt, das durch Verrottung entsteht
Lichtkeimer	Samen, die nicht unter der Erde keimen, sondern Licht benötigen
Makroplanung	Die grobe, große Planung
Mikroklima	Das Klima in einem kleinen, begrenzten Bereich
Mischkultur	Das Gegenteil von Monokultur, das Anpflanzen von verschiedenen Pflanzen, die sich gegenseitig unterstützen und so ein stabiles Ökosystem entwickeln
Mulchen	Das Bedecken des Bodens mit nicht verrottetem, organischem Material
Mutterboden	Die oberste und fruchtbarste Bodenschicht
Nahrungswald	Ein Obstgarten, der angelegt ist wie ein Wald mit verschiedenen Schichten

Nematoden	Ein anderes Wort für Fadenwürmer
Overlay-Methode	Das Übereinanderlegen von verschiedenen, transparenten Folien, die alle Elemente der Permakultur darstellen, um sich einen Gesamtüberblick zu verschaffen
Ökologische Nische	Die Gesamtheit aller Faktoren, die ein bestimmter Organismus zum Leben braucht
Perlite	Ein vulkanisches Gestein, das viel Wasser aufsaugen kann
Permakultur	Nachhaltige Landwirtschaft, die ein sich selbst erhaltendes Ökosystem entstehen lassen will
Pflanzenfamilie	Eine systematische Einordnung in der Biologie
Pflanzenjauche	Gärende Ansätze von Pflanzenmaterial, die sich als natürliche Dünger und Schädlingsbekämpfer eignen
Pflanzenkohle	Verkohlte Pflanzenteile, wie die Holzkohle
Pikieren	Das Verpflanzen von zu dicht stehenden Jungpflanzen
Recycling	Das Wiederverwerten von Gütern
Reducing	Das Reduzieren von Gütern

Refusing	Unnützen Gütern widerstehen
Repairing	Das Reparieren von Gegenständen
Reusing	Das wiederholte Benutzen von Gütern mit einem anderen Zweck, wie Flaschen als Blumentöpfe
Schlämmprobe	Gibt Auskunft über die Bodenbeschaffenheit, indem man durch Wasser die verschiedenen Bestandteile trennt
Schwachzehrer	Pflanzen, die wenig Nährstoff aus dem Boden ziehen. Mittelzehrer ziehen etwas mehr Nährstoffe und Starkzehrer besonders viele
Sektoranalyse	Die Analyse von allen Einflüssen, die auf etwas wirken
Terra Preta	Die Bezeichnung für besonders nährstoffreichen, fruchtbaren Boden aus dem Amazonas
Thünische Ringe	Die Einteilung des Gartens in Zonen, die nach Arbeit, Weg und Zeit geordnet sind
Urban Gardening	Das Gärtnern mitten in der Stadt auf kleinem Platz
Vertical Gardening	Das Gärtnern in vertikaler Richtung, also zum Beispiel an der Wand

Welkepilze	Pilze der Gattung Verticillium, die die Pflanzenkrankheit Welke verbreiten und Gehölze befallen
Zeigerpflanzen	Pflanzen, die keine hohe Toleranz gegenüber Veränderungen ihrer Lebensbedingungen haben und damit nur zu ganz bestimmten Zeiten vorkommen

Aussaattabelle

☼	Aussaat im Freien
(grau)	Ernte
□	Kurze Zeit von Aussaat zu Ernte (ca. zwei Wochen)

Blattgemüse	**Jan**	**Feb**	**Mär**	**Apr**	**Mai**	**Juni**	**Juli**	**Aug**	**Sept**	**Okt**	**Nov**	**Dez**
Artischocke					☼							
Eisbergsalat				☼	☼	☼	☼	☼				
Gartensalat					☼	☼	☼	☼				
Senf			☼	☼	☼	☼	☼	☼	☼	☼		
Rhabarber									☼	☼	☼	☼
Mangold			☼	☼	☼	☼	☼	☼	☼	☼	☼	
Spinat	☼	☼	☼	☼	☼	☼	☼	☼				
Feldsalat			☼	☼	☼	☼	☼	☼	☼			
Gartenkresse		□	□	□	□	□	□	□	□			
Wurzeln und Knollen	**Jan**	**Feb**	**Mär**	**Apr**	**Mai**	**Juni**	**Juli**	**Aug**	**Sept**	**Okt**	**Nov**	**Dez**
Kartoffel				☼	☼	☼						
Rote Beete		☼	☼									
Knollensellerie				☼	☼							
Speiserübe			☼	☼	☼							
Steckrübe				☼	☼	☼						
Radieschen				☼	☼	☼	☼	☼	☼			
Pastinake				☼								

Karotte					☼	☼	☼					
Schwarzwurzeln				☼	☼							
Lauch			☼									
Zwiebeln	**Jan**	**Feb**	**Mär**	**Apr**	**Mai**	**Juni**	**Juli**	**Aug**	**Sept**	**Okt**	**Nov**	**Dez**
Knoblauch	☼	☼	☼	☼						☼	☼	☼
Lauchzwiebel				☼	☼	☼	☼					
Frühlingszwiebel				☼	☼							
Schalotte			☼	☼								
Kohl												
Grünkohl							☼					
Blumenkohl				☼								
Chinakohl				☼	☼	☼	☼	☼				
Broccoli						☼						
Kohlrabi				☼	☼	☼	☼	☼				
Rotkohl				☼								
Rosenkohl					☼	☼						

Hülsenfrüchte	**Jan**	**Feb**	**Mär**	**Apr**	**Mai**	**Juni**	**Juli**	**Aug**	**Sept**	**Okt**	**Nov**	**Dez**
Erbse				☼	☼							
Grüne Bohne					☼	☼	☼					
Ackerbohne			☼	☼								
Obst	**Jan**	**Feb**	**Mär**	**Apr**	**Mai**	**Juni**	**Juli**	**Aug**	**Sept**	**Okt**	**Nov**	**Dez**
Erdbeeren								☼	☼			
Zucchini					☼	☼	☼					
Aubergine						☼						
Himbeere												
Gurke					☼	☼						
Mais					☼	☼						
Tomate					☼							
Kräuter	**Jan**	**Feb**	**Mär**	**Apr**	**Mai**	**Juni**	**Juli**	**Aug**	**Sept**	**Okt**	**Nov**	**Dez**
Basilikum					☼	☼	☼					
Schnittlauch				☼	☼	☼	☼	☼				
Dill				☼	☼	☼	☼					
Koriander					☼	☼	☼					
Bärlauch				☼	☼	☼						
Salbei				☼	☼	☼						

Quellen

Einleitung

https://permakultur.de/was-ist-permakultur/

https://www.mein-schoener-garten.de/permakultur-0

https://www.biotopicafarm.de/permakultur-fuer-anfaenger/

https://www.gartenjournal.net/huegelbeet-anlegen-permakultur

https://www.permakultur-akademie.com/nuetzlingsbiotope-und-wildniszonen-als-elemente-von-permakultur-gaerten/

https://www.mein-schoener-garten.de/gartenpraxis/nutzgaerten/bauanleitung-kraeuterspirale-11396

https://www.gartenjournal.net/hochbeet-permakultur

https://www.swr.de/insekten/insektenhotel-so-geht-es-richtig/-/id=22329452/did=23673714/nid=22329452/zxq469/index.html

https://amazingnature.de/fehler-insektenhotel/

https://www.selbst.de/selbstversorger-garten-keyhole-garden-anlegen-47725.html

https://www.plantopedia.de/kartoffelpyramide-selber-bauen/

https://www.biotopicafarm.de/african-keyhole/

https://www.dabluehichauf.de/gartenwelt/bericht/429/permakultur

http://tierparadies-garten.de/nutztiere-im-garten-halten/

https://www.biotopicafarm.de/huehnerhaltung-in-der-permakultur/

https://www.alimentarium.org/de/wissen/permakultur

https://wild-natural-spirit.org/permakultur-als-muster-wie-naturkraefte-am-besten-fliessen/

https://www.gartenvergnuegen-lochte.de/de-de/bericht/268/permakultur

https://permakultur.de/was-ist-permakultur/ethik-prinzipien/nutze-randzonen-schaetze-das-marginale/

https://permakultur.de/was-ist-permakultur/ethik-prinzipien/nutze-selbstregulation-akzeptiere-feedback/

https://permakultur.de/was-ist-permakultur/ethik-prinzipien/nutze-kleine-und-langsame-loesungen/

https://permakultur.de/was-ist-permakultur/ethik-prinzipien/sammle-speichere-energie/

1. Gärtnern im Einklang der Natur

https://permakultur.de/was-ist-permakultur/ethik-prinzipien/nutze-schaetze-erneuerbare-energien-und-dienstleistungen/

https://permakultur.de/was-ist-permakultur/ethik-prinzipien/nutze-schaetze-vielfalt/

https://www.liw-ev.de/footer/magazin/permakultur-vielfalt-und-nachhaltigkeit-als-prinzip.html

https://permaculture.at/2018/11/10/permakultur-zum-kreislauf-der-natur-zuruck/

https://www.gartenzauber.com/

im-einklang-mit-der-natur-durch-permakultur/

https://utopia.de/ratgeber/permakultur-gaertnern-im-einklang-mit-der-natur/

http://www.garten-europa.com/magazin/permakultur/

https://hausinfo.ch/de/garten-balkon/garten-balkon-bepflanzen/gemuese-obst-fruechte/permakultur.html

2. Bodenoptimierung

https://www.mein-schoener-garten.de/mulch-0

„Permakultur – Landwirtschaft und Siedlungen in Harmonie mit der Natur" (1984) von Bill Mollison und David Holmgren

„Permakultur II – praktische Anwendung" (1983) von Bill Mollison

„Permakultur praktisch" (1994) von Graham Bell

https://www.mein-schoener-garten.de/gruenduengung-0

https://www.mein-schoener-garten.de/kompost-0

https://www.plantura.garden/gartentipps/gartenpraxis/pferdemist-als-duenger-wirkung-anwendung-im-garten

https://www.bodenwelten.de/content/was-ist-humus

https://www.mein-schoener-garten.de/gartenpraxis/ziergaerten/so-erhoehen-sie-den-humusgehalt-ihres-gartenbodens-35141

https://www.ndr.de/ratgeber/garten/schaedlinge/Sud-aus-Ackerschachtelhalm-hilft-bei-Blattlaeusen,blattlaeuse103.html

https://www.wildfind.com/rezepte/pflanzenjauchehttps://www.mein-schoener-garten.de/gartenpraxis/schritt-fuer-schritt/

brennnesseljauche-ansetzen-23701

https://www.nabu.de/umwelt-und-ressourcen/oekologisch-leben/balkon-und-garten/trends-service/trends/20401.html

https://www.ndr.de/ratgeber/garten/Terra-Preta-Schwarze-Erde-selbst-herstellen,terrapreta132.html

3. Feuchtgebiete

https://www.mein-schoener-garten.de/gartenpraxis/schritt-fuer-schritt/gartenteich-anlegen-5291

https://permakultur.de/neuigkeit/das-moorbeet-vitaminreiche-beeren-produzieren/

4. Pflanzen der Permakultur

https://www.gartenflora.de/gartenwissen/permakultur-garten/

https://www.biotopicafarm.de/permakultur-fuer-anfaenger/

https://mutterhof.org/blog/2019/01/06/entwerfen-eines-permakultur-obstgartens-so-wachsen-sie-mehr-nahrung-in-ihrem-garten/

5. Schritt für Schritt zur Permakultur

https://tipp.manomano.de/so-beginnen-sie-mit-der-permakultur-n6656

https://selbermachen.de/garten/pflanzen-rasen/bodenanalyse-gartenerde-analysieren-und-verbessern

http://permakultur-praktisch.de/permakultur-gartenplanung-teil-1/

https://www.youtube.com/watch?v=o122BpFeXMM

Handbuch zum Permakultur-Training 2014: „Gestaltungsmethoden und Designprozess"

https://permakulturblog.de/geoff-lawtons-pdc-2-0-gestaltungsmethoden1-2/

http://permakultur-praktisch.de/gartenplanung-teil-3-sektorplanung/

https://www.wohnwagon.at/ich-bau-mir-einen-permakultur-garten-die-basics/

https://www.mencke.de/permakultur-garten-anlegen-tipps-und-ideen/

https://permakultur.wordpress.com/permakultur/planung/planungsbeispiel-fur-einen-hausgarten/

https://www.derkleinegarten.de/nutzgarten-kleingarten/gemuesegarten-anlegen/anbauplan-permakultur/anbauplan-gemuese-1.html

https://garten.barfussblog.de/fruchtfolge-fruchtwechsel-anbauplan#anbauplan

https://www.youtube.com/watch?v=NoxcOUmh8Fk

https://www.wurzelwerk.net/2017/02/21/tipps-und-tricks-fuer-die-jungpflanzenanzucht/

https://www.wurzelwerk.net/2018/02/14/samen-vorkeimen/

https://www.mein-schoener-garten.de/gartenpraxis/ziergaerten/anzuchterde-aussaaterde-selber-machen-27661

https://www.wurzelwerk.net/2020/01/18/jungpflanzen-anzucht-vorziehen-anziehen-fensterbank/

6. Mischkultur

https://www.mein-schoener-garten.de/mischkultur-0

https://www.kleingaertnerin.de/ratgeber/mischkultur.html

https://www.gartenjournal.net/mischkultur

https://de.serlo.org/nachhaltigkeit/anbau/gelaende-anbauplanung/mischkultur

https://www.smarticular.net/kraeuterspirale-welche-kraeuter-wohin-bepflanzungsplan/

https://www.smarticular.net/welche-kraeuter-passen-zusammen-pflanzen-mischkultur/

7. Urban Gardening – Permakultur auf kleinstem Raum

https://www.inside-graz.at/freizeit/urban-gardening-permakultur.html

https://www.kreis-der-geniesser.com/magazin/urban-gardening/vertical-garden-dein-gartenprojekt-auf-kleinstem-raum

http://www.oeko-fair.de/verantwortlich-handeln/permakultur/urban-gaertnern

8. Permakultur im ganzen Jahr

https://www.biotopicafarm.de/der-zweite-fruehling/

https://www.biotopicafarm.de/der-zweite-fruehling/

https://www.nabu.de/tiere-und-pflanzen/pflanzen/pflanzenwissen/jahreszeiten.html

Impressum

Maike Hochschneider wird vertreten durch:

Kirill Weksler
Rodbraken 15A
30459 Hannover

Covergestaltung und -konzept: A&K Buchcover (http://www.akbuchcover.de)
Bilder: Creative_azim (https://www.fiverr.com)
Lektorat: Tina Müller (https://tina-mueller.com)

ISBN: 978-3-9821841-2-8

Made in United States
North Haven, CT
10 November 2026

22091256R00090